AF360936

RÉSINEUR EN OPÉRATION

DU
PIN MARITIME,

DE SA CULTURE DANS LES DUNES,

DE LA PRATIQUE DU RÉSINAGE

ET DE L'INDUSTRIE DES RÉSINES,

avec deux planches et un tableau;

SUIVI D'UNE

Notice sur la culture des dunes de Cap-Breton

AVEC UNE PLANCHE,

ET D'UNE NOTICE SUR LA FLORE DES MARAIS
DU DÉPARTEMENT DES LANDES;

PAR A. BOITEL,

AGRONOME, ANCIEN ÉLÈVE DE L'INSTITUT ROYAL AGRONOMIQUE DE GRIGNON,
DIPLÔMÉ DU MINISTÈRE DE L'AGRICULTURE.

PARIS,

IMPRIMERIE ET LIBRAIRIE DE Mme Ve BOUCHARD-HUZARD,
RUE DE L'ÉPERON, 7.

1848

A

Monsieur Fr. Philippar,

Mon ancien Professeur

à Grignon.

A. Boitel.

AVERTISSEMENT.

Ce travail est le fruit d'une partie des observations que j'ai faites depuis mon séjour aux environs de Bayonne, où l'un de mes anciens professeurs, **M.** Philippar, m'a confié la mission de former une exploitation agricole dans une partie de terrain prise sur l'étendue d'un vaste marais dont le desséchement touche à son terme.

Ayant à faire l'étude de la contrée avant d'appliquer une culture qui puisse être avantageusement appropriée à la localité, la garniture des dunes et la production de ces terrains, placés dans une situation exceptionnelle, ont tout naturellement fixé mon attention.

Le Pin maritime et les produits qui résultent de cette essence résineuse m'ont paru être d'un très-grand intérêt pour la fertilisation des terres purement siliceuses.

Les résultats de cette culture et des fabrications

qui en découlent ne sauraient être trop connus, car ils sont d'une grande importance.

J'ai pensé qu'il serait utile d'en résumer les détails, tels que j'ai pu les recueillir en me trouvant au milieu de ce mouvement qui donne la vie à tant de familles, procure tant de ressources au pays et démontre la puissance d'efforts bien dirigés sur un sol d'ailleurs stérile et ingrat, qu'une culture intelligente peut seule rendre fécond.

Je serai très-heureux si, en rapportant des faits peut-être trop généralement ignorés, je contribue à faire comprendre qu'un sol, quel qu'il soit, est une mine féconde à exploiter lorsqu'on sait mettre à profit les ressources que l'observation, l'expérience, l'étude et le travail procurent.

TABLE DES MATIÈRES.

PLANCHES.

DESCRIPTION DES PLANCHES I ET II.

Pl. I. — Résineur en opération sur un Pin maritime (*voir* l'explication développée page 25).

a, entaille pratiquée, avec la cognée *d*, pour l'écoulement de la résine dans le réservoir *b*, pratiqué au pied de l'arbre, ainsi qu'il est dit page 25.

c, échelle sur laquelle se place le résineur pour opérer. En même temps que l'échelle sert de point d'appui au résineur, celui-ci, à l'aide de l'une de ses jambes, maintient l'échelle appliquée le long de l'arbre ; les crans ou degrés de l'échelle servent à fixer le pied de l'opérateur.

Pl. II. — Instruments servant au résineur (*voir* les pages 23, 24 et 25 pour l'explication développée de ces instruments et de leurs usages).

Fig. 1. *Pousse* vue de profil : instrument servant à l'écorçage et à la récolte du Barras en opérant sur les hauteurs les plus élevées dans l'opération du résineur.

Fig. 2. *Pousse* vue de profil.
Dans cette figure, l'échelle est de $\frac{1}{20} = \frac{1}{2}$ décimètre pour mètre.

Fig. 3. *Pelle* en fer servant à écorcer les parties basses de l'arbre et à nettoyer les réservoirs de résine au bas de l'arbre.
Dans cette figure, l'échelle est de 0,1 pour mètre $= \frac{1}{10}$.

Fig. 4. *Barrasquite* : instrument servant pour les parties moyennes de l'entaille et à la récolte du Barras.
Dans cette figure, l'échelle est de $\frac{1}{10} = 1$ décimètre pour mètre.

Fig. 5. *Abchotte* : instrument ayant quelque ressemblance avec la cognée et servant au ravivage des entailles.

Fig. 6. Échelle dentée, en bois de Pin, dont se sert le résineur pour continuer les entailles qui ne sont plus à hauteur d'homme.

a, montants de l'échelle : *b*, crans, dents ou degrés pratiqués à même la pièce de bois et dans le sens de la fibre : ces dents ou degrés sont solidifiés par un clou *c*.

PIN MARITIME.

Avant d'aborder la question culturale et industrielle du Pin maritime, faisons succinctement sa description botanique, et indiquons sommairement les usages spéciaux de chaque organe de cet arbre intéressant.

DESCRIPTION BOTANIQUE

ET USAGES DES ORGANES.

Le Pin maritime, *Pinus maritima*, appelé encore Pin de Bordeaux, appartient, comme on le sait, à la famille des CONIFÈRES et à l'ordre des *Abiétinées*.

Racine. — Sa racine est composée de nombreuses ramifications qui se développent superficiellement en faisceaux horizontaux. Sa fibre, grosse, tenace, flexible, est enduite d'un suc résineux qui la protége contre la décomposition dans l'eau; cette fibre, qui se divise facilement dans le sens de sa longueur, est utilisée pour tresser des corbeilles et les paniers de pêcheurs : la chaîne de ces paniers est en osier, et la trame en racine de Pin, qui se conserve parfaitement dans l'eau.

Tige. — La tige est conique, verticale, recouverte d'une écorce rugueuse crevassée. Le bois est constitué par des cellules ponctuées, allongées, et ne présentant que quelques trachées distribuées dans l'étui médullaire.

Ce bois contient un suc résineux renfermé surtout dans de grandes lacunes régulièrement disposées dans l'écorce; ce suc résineux exsude de tous les organes lésés ou incisés, il découle d'abord liquide, visqueux et transparent, puis, par l'absorption de l'oxygène de l'air, il s'épaissit, se concrète, se solidifie, devient blanc et opaque. Pendant la vie de l'arbre, la tige produit la résine dont on extrait la térébenthine et la colophane.

Après l'abatage, les principaux usages de cette tige sont les suivants :

Son écorce, brassée dans de l'eau, produit une solution astringente et colorée dans laquelle on trempe les filets qui vont à la mer; ce léger enduit la défend contre l'action corrosive de l'eau salée. La tige du Pin de Bordeaux atteint les plus belles proportions; sa hauteur moyenne, dans l'âge adulte, est de 15 mètres, son diamètre moyen de 30 centimètres : on rencontre des sujets qui ont jusqu'à 20 mètres de hauteur. Ces piles, droites et longues, sont éminemment propres pour des pilotis. Le pont de Bayonne, qui est maintenant en voie de construction sur l'Adour, reposera sur un pilotis de Pins maritimes dont les moindres ont 17 mètres de longueur et 55 centimètres de diamètre moyen. La résine qui enduit la fibre de ces pilotis la fait durer indéfiniment dans l'eau. Le bois de Pin est d'un emploi général pour la charpente et la confection des planchers. Les branches et les tiges difformes sont utilisées, soit pour le chauffage, soit pour la fabrication du charbon de bois.

Les parties de l'arbre qui correspondent aux entailles sont enduites d'une si grande quantité de résine, qu'elles sont éminemment combustibles immédiatement après l'abatage; on en extrait du goudron et du noir de fumée.

Ramifications. — Les ramifications de la tige sont régulièrement disposées en couronnes; ses ramifications secondaires prennent les mêmes dispositions. En comptant ces couronnes, il est facile d'apprécier l'âge de la tige et celui des différentes ramifications.

Feuilles. — Les feuilles sont coriaces, entières, étroites, aciculées, fasciculées par deux, et longues de 1 à 2 décimètres; elles durent deux étés et tombent au second hiver. Sur les sujets jeunes et vigoureux, on peut voir simultanément trois et même quatre générations de feuilles; elles servent, avec les jeunes ramifications qui les portent, à chauffer les fours où l'on cuit le pain de maïs.

Fleurs. — Le Pin maritime est monoïque; les fleurs sont, pendant l'hiver, renfermées dans un gros bouton entouré d'écailles brunâtres qui sont agglutinées par une matière résineuse. Au printemps, ces boutons se développent, s'ouvrent et donnent naissance, les uns à des chatons mâles, et les autres à des chatons femelles.

Ces chatons sont fixés autour d'une jeune ramification terminée par un bouton rudimentaire d'une nouvelle ramification et de nouvelles feuilles qui se développeront après l'acte de la fécondation.

Fécondation. — A la fin d'avril, les chatons mâles apparaissent violacés; ils continuent de grossir, et c'est pendant le mois de mai que se fait l'émission du pollen. Le chaton mâle est cylindrique; il porte à sa base huit à dix écailles.

L'étamine est constituée en une écaille peltée.

L'anthère, fixée à la face inférieure de cette écaille, est à deux lobes qui s'ouvrent par une fissure longitudinale.

Le pollen est si abondant, que tous les objets à portée des pinières en sont couverts. Les pluies précipitent cette poussière suspendue dans l'air, et partout où l'eau s'accumule en petite masse à la surface du sol, les ondes réunissent sur le bord de l'eau ce pollen en une écume jaune qui ressemble à de la fleur de soufre; c'est à ce phénomène qu'il faut rapporter les prétendues pluies de soufre des anciens : on remarque encore cette écume pollinique au bord des étangs, des rivières et de la mer.

Cônes. — Les cônes ou fleurs femelles apparaissent alors gros comme le doigt. L'œil nu y découvre difficilement les ovules, le style et le stigmate, ces organes se trouvant enveloppés entre des écailles grosses, charnues, adhérentes et chargées de matière résineuse.

Chaque écaille porte à sa face supérieure, près de son insertion avec l'axe du cône, deux petites fossettes qui logent chacune un ovule creux et vide au sommet, ce qui le rend en ce point légèrement transparent. L'ovule est surmontée d'un style large, plane, membraneux, qui se prolonge jusqu'à la surface extérieure du cône aux lignes de jonction des écailles entre elles. Le stigmate, qui n'est ici que la terminaison linéaire d'une membrane, ne se distingue pas visiblement du style. Lors de la dissémination du pollen, on remarque beaucoup de grains polliniques fixés dans les imbrications où aboutissent les stigmates.

Après la fécondation, les chatons mâles jonchent le sol, tandis que les cônes continuent leur développement. Les écailles, imbriquées en spirale autour de l'axe, deviennent épaisses et ligneuses; elles sont serrées par un épaississement rhomboïdal, mucroné. Semées les unes contre les autres pendant l'accroissement du cône, elles s'ouvrent d'elles-mêmes à la maturité par l'action de la chaleur. Les graines sont à testa noir, prolongé supérieurement en une aile membraneuse caduque.

Les cônes ont environ 12 centimètres de longueur et 5 de diamètre moyen ; ils persistent plusieurs années sans tomber.

Ils sont recherchés pour la graine et comme combustible.

Aux environs de Bayonne, il est des femmes qui n'ont pas d'autre industrie pour vivre que ce petit commerce de cônes de Pin ; elles parcourent les pinières dans un rayon de 4 à 5 lieues, font tomber elles-mêmes les cônes, et les transportent sur des ânes à Bayonne.

On distingue le petit Pin maritime, *Pinus maritima minor*, et le grand Pin maritime, *Pinus maritima major*; ces variétés, car ce ne sont que de simples variétés, puisqu'il s'en rencontre d'intermédiaires, se distinguent surtout par la grosseur du cône : le petit Pin maritime, qu'on désigne aussi sous le nom de *Pin du Maine*, outre que ses cônes sont plus petits, présente aussi une certaine réduction dans la proportion de toutes ses parties organiques.

Après cette description détaillée du Pin maritime, nous allons traiter sa culture et son exploitation.

CULTURE DU PIN MARITIME.

Sol. — Parlons d'abord du sol qui lui convient. Cet arbre semble peu difficile sur la nature du sol. S'il est un végétal qui ne demande au sol que de l'humidité et un support, c'est certainement le Pin de Bordeaux ; car, à l'aide de quelques soins qui protégent sa germination et son enfance, il croît sur les sables les plus arides.

Exposition. — Il vient sur tous les sols (1); il se con-

----

(1) Il redoute cependant les terrains calcaires, les sols froids,

tente de toutes les expositions, et il n'a d'autres ennemis que les vents , la neige et les longues immersions dans des eaux stagnantes.

Vent.—Cet arbre, toujours vert, est chargé de branches garnies de feuilles longues, nombreuses et lourdes; aussi son poids total est toujours considérable relativement à la faiblesse de ses appuis. En effet, son appareil souterrain n'a point ce pivot robuste qui fixe d'une manière si solide quelques arbres de haute futaie; il n'est composé que de faisceaux de petites racines horizontales et superficielles. La faiblesse de cet appareil, augmentée encore par le manque de consistance des sols siliceux, expose cet arbre à succomber à la violence des vents. Cette disposition organique ne permettrait pas d'utiliser le Pin comme arbre isolé, soit pour des bordures , des avenues ou d'autres plantations, sur des terres sablonneuses et non abritées contre les mauvais vents. Admirons, toutefois, la prévoyance de la nature qui, en refusant au Pin maritime la force et la puissance dans sa racine, a doté en compensation sa tige de ce port régulier et vertical qui diminue son poids et fatigue moins ses appuis.

Eau. — L'eau concourt quelquefois avec le vent pour renverser les Pins qui croissent dans les bas-fonds des forêts résineuses. En pareille situation, l'eau détrempant les racines tout en diminuant la cohérence du sol, il n'est pas rare de trouver des Pins renversés par le vent , soulevant dans leur chute le disque de terre au sein duquel les racines s'étaient développées et entrelacées.

Neige. — La neige qui tombe par un temps calme nuit beaucoup aux Pins; elle les courbe, en brise les

___

humides, et l'exposition du nord : c'est un arbre des terrains siliceux, des localités tempérées et méridionales.

branches, et souvent son poids, ajouté à celui de l'arbre, triomphe de la faible résistance des racines.

Dans l'hiver de 1847, les jeunes pinières ont été plusieurs fois décimées par de la neige venue sans vent. Les jeunes Pins souffrent plus de ce météore que les vieux, parce qu'ils ont relativement plus de branches et plus de feuilles.

Submersion. — Le Pin résiste assez longtemps à l'effet des eaux qui en submergent les racines; le plus grand préjudice que ces eaux lui portent, c'est de diminuer la fixité de son rapport. Nous voyons de jeunes Pins pousser spontanément sur des terres marécageuses couvertes de débris organiques; nous en trouvons de plus forts végétant avec succès dans les lieux bas où ils ont le pied baigné par l'eau pendant un ou deux mois.

Ainsi le Pin maritime est un arbre des plus rustiques; il s'accommode des sols les plus arides et des situations les plus diverses : on le rencontre, sur le sommet des dunes les plus élevées, aussi prospère que sur les pentes rapides, les vallons encaissés et les plaines abritées.

PLACE ÉCONOMIQUE.

Si le lieu physiologique du Pin maritime est si commun dans le midi de la France, il n'en est pas de même de sa place économique.

Pourquoi, en effet, faire de la résine sur des sols qui peuvent donner de plus riches productions, tandis qu'il existe encore tant de terres siliceuses qui ne peuvent être utilisées que par le Pin maritime et le Chêne-liége.

La véritable patrie du Pin maritime, ce sont les plaines siliceuses de la Gascogne, qui appartiennent à l'étage supérieur du terrain tertiaire, et les dunes des cantons maritimes du sud-ouest de, la France.

Les sables marins des dunes diffèrent des sables tertiaires des landes par la grosseur de leur grain, par leur nature minéralogique et par la présence de nombreux débris coquilliers ; ils appartiennent, sans aucun doute, aux alluvions marines dont la formation se continue encore de nos jours.

M. Bartro, auteur d'une brochure intéressante sur Cap-Breton, nous indique la cause probable de ces alluvions. « Il existe, dit-il, dans le golfe de Gascogne un courant « maritime qui va au sud ; il paraît être le remous pro- « duit par la dépression du cap Ortégal lorsque les eaux « courent au nord. Ce courant heurte les houles qui, sur « le rivage, tiennent en suspension des sables enlevés à « la côte ; il charrie ainsi une partie de ces sables au sud, « pendant que les houles en rejettent une partie à terre, « d'où, desséchés entre deux marées, ils sont poussés « vers l'intérieur par les vents. »

Ces sables, soumis à l'action violente des vents de mer, s'accumulent sous forme de petits monticules désignés sous le nom de *dunes*. Tant que la nature ou l'industrie des hommes n'en a pas fixé la forme et la surface, elles sont charriées par les vents et semblent fuir la mer pour se diriger dans l'intérieur des terres, où elles ensevelissent et stérilisent tout sur leur passage ; elles comblent l'embouchure des fleuves, les détournent de leur lit, et ces cours d'eau barrés causent des inondations et transforment en marais des plaines autrefois cultivées. Beaucoup de marais des Landes sont dus aux ensablements des dunes. Le marais d'Orx, qui est maintenant en voie de dessèchement, n'est limité, du côté de l'Océan, que par des dunes. Si l'homme n'était pas parvenu à fixer ces sables par des forêts de Pins maritimes, tout ce marais eût été infailliblement comblé par ces alluvions mobiles. La fixation des dunes, qui portent la ruine et la désolation dans les campagnes voisines du littoral, est depuis long-temps l'objet de la sollicitude du gouvernement.

On évalue la surface totale des dunes à 95,000 hectares, entre l'Adour et la Gironde.

L'ingénieur Brémontier a réussi, le premier, en 1787, à fixer les sables mouvants par des clayonnages, et, plus tard, par des semis de Pins maritimes.

Depuis quelques années, l'on consacre au budget spécial une somme de 100,000 fr. aux travaux des dunes du département des Landes. Les dunes du littoral du département des Landes ont une superficie totale d'environ 35,000 hectares; la surface fixée ne dépasse guère un cinquième de la surface totale, ou 7,000 hectares.

Les clayonnages faits avec l'*Erica scoparia*, les plantations du *Calamagrostis arenaria*, les Vignes clayonnées et les semis de Pins couverts de branchages sont les principaux moyens artificiels que l'on emploie pour immobiliser les surfaces sablonneuses.

Quelquefois aussi, la nature venant en aide, une végétation spontanée, forte et vigoureuse consolide et fixe les parties planes et horizontales qui offrent le moins de prise à la violence des vents.

Les dunes les plus éloignées de la mer et, par conséquent, les mieux abritées contre les vents de mer ont été immobilisées par des Pins et quelques Chênes-liéges, et quelquefois par des landes dont les espèces principales sont l'*Ulex europœus*, le *Spartium scoparium*, l'*Erica scoparia*, l'*Erica cinerea*, l'*Erica multiflora*, l'*Erica tetralix* et le *Genista anglica*. A Cap-Breton, les dunes ont été fixées par des Vignes clayonnées dont les produits sont très-qualifiés sur ce sol arénacé exposé aux émanations salines de la mer. Les sables les plus voisins de l'Océan sont ou nus, et par conséquent mobiles, ou fixés par une végétation herbacée. A Cap-Breton et dans plusieurs localités, la Vigne a servi à fixer les sables de la côte (1).

FLORE MARITIME.

Nous ne quitterons pas cette côte sans mentionner les plantes intéressantes qui croissent naturellement ou artificiellement dans ces conditions exceptionnelles, où elles ont à lutter contre les vents, la tempête, les ensablements, et les émanations salines et caustiques de la mer. Au bord même de la mer, c'est-à-dire à la limite des vagues, sur le versant de la côte, directement opposé à toutes les influences maritimes, on admire la végétation robuste du *Calamagrostis arenaria*, appelé vulgairement *Gourbet*, du *Triticum junceum* et du *Festuca sabulicola* : ce sont les trois espèces qui, par leur état vivace, leurs racines longues, traçantes et résistantes, leurs feuilles nombreuses et persistantes, le tallement de leurs tiges, contribuent le plus puissamment à arrêter les sables. Quelques autres plantes herbacées sont leurs faibles auxiliaires pendant l'été; tels sont les *Convolvulus soldanella*, *Arenaria peploides*, *Cakile maritima*, *Galium arenarium*, *Eryngium maritimum* et *Euphorbia characias*. Franchissons ce petit versant baigné par la mer, et montons sur

---

(1) Voir une notice que j'ai publiée sur la fertilisation des sables maritimes de Cap-Breton, *Annales de l'agriculture française*, numéro d'août 1847, page 129, et qui se trouve reproduite à la fin de ce travail.

cette terrasse qui domine l'Océan ; là encore, sur une largeur de 4 ou 500 mètres, les végétaux ligneux ne peuvent lutter contre les vents de mer. Nous n'y trouvons qu'une végétation herbacée qui comprend les espèces citées plus haut, auxquelles nous ajouterons les suivantes : *Elichrysum stœchas*, *Carex arenaria*, *Linaria serpyllifolia*, *Thymus serpyllum*, *Kœleria cristata*, *Aira canescens*, *Lotus corniculatus*, *Jasione montana*, *Silene bicolor*, *Alyssum arenarium*, *Hieracium prostratum*, *Anthyllis vulneraria*, *Astragalus bayonnensis*, *Medicago maritima*, *Dianthus gallicus*, *Ononis spinosa*, *Sedum acre*, *Diotis candidissima*, *Thrincia hirta*, *Crithmum maritimum*, *Artemisia crithmifolia*, etc.

La zone qui succède à cette dernière, située entre Bayonne et Cap-Breton, a été, par les soins du gouvernenement, consacrée à la culture du Pin maritime.

Il est intéressant de visiter ces Pins maritimes, qui semblent postés pour lutter contre la mer et pour arrêter les vents et les sables; quoiqu'ils soient abrités par un énorme rideau de sables accumulés par les vagues, ils sont tous mutilés et difformes : aucun ne conserve sa flèche, ils ont le tronc couché contre terre, les branches recouvertes de sables et simulant autant de jeunes Pins marcottés. Les vents de mer les nivellent à une hauteur de 1^m,50 du sol.

A mesure qu'ils s'éloignent de la mer, étant nombreux et serrés, ils se servent mutuellement d'appui; aussi ils grandissent et reprennent peu à peu leur forme naturelle.

Après cette zone de Pins difformes et dont les feuilles sont à demi brûlées et desséchées par les vents salés, on trouve, à environ 1 kilomètre de la mer, de belles pinières qui fournissent en abondance du bois et de la résine; teutefois il faut reconnaître que ces Pins n'ac-

quièrent jamais les dimensions, la régularité et la verti-
calité de ceux des pinières plus avancées dans les terres :
cette influence de la mer se fait sentir sur un rayon de
2 ou 3 kilomètres.

CULTURES DES SABLES MARINS.

Ce serait méconnaître les règles d'une saine économie
que de faire toute autre chose que la culture forestière dans
les alluvions maritimes des landes. En y introduisant beaucoup de fumier d'une lente décomposition, tel que celui
qui a pour base la lande, on parvient à récolter dans ces
sables un peu de Seigle et de Maïs ; mais que de frais pour
de si chétives récoltes ! L'été, ce sable devient brûlant par
l'absorption des rayons calorifiques, au point que souvent
les plantes cultivées y périssent par le manque d'humidité et par la décomposition trop active des matières organiques.

Le résineur n'a cultivé les plaines siliceuses où il avait
bâti son habitation que pour le Seigle et le Maïs néces-
saires à sa nourriture et à celle de sa famille. Il y a seulement cinquante ans, les routes étaient si mal entrete-
nues sur ce terrain de sables meubles, que les transports
y étaient très-difficiles ; le résineur, ne pouvant faire
venir de loin les denrées indispensables à sa subsistance,
s'est vu obligé de les produire sur le sol pauvre dont il
pouvait disposer : sans cette condition impérieuse, on ne
verrait dans le pays des dunes qu'une culture forestière.
Ainsi, ne l'oublions pas, le Seigle et le Maïs ne sont ici
que des cultures accessoires pratiquées par besoin plutôt
que par spéculation ; les spéculations principales, celles
qui forment la richesse du pays, ne portent que sur les
produits du Pin maritime et du Chêne-liége.

Mais le Pin l'emporte de beaucoup sur le Chêne-liége par l'étendue de la surface qu'il occupe, la main-d'œuvre qu'il exige et la masse de produits qu'il livre au commerce. Le Chêne-liége demande pour son écorçage quelques moments de travail par période de sept à huit ans, tandis que le Pin, exploité pour la résine, réclame des soins et du travail pendant neuf mois de l'année. Étudions donc cet arbre précieux qui donne la vie, l'aisance et la richesse à toute une population; prenons-le *ab ovo* et suivons-le dans son développement et dans les différentes phases de sa vie.

MODES DE PROPAGATION DU PIN MARITIME.

Le Pin maritime se reproduit de trois manières : 1° par dissémination naturelle; 2° par dissémination artificielle; 3° par plantation en motte.

Dissémination naturelle.

Le Pin produit des cônes garnis d'écailles imbriquées, fortement serrées les unes contre les autres : ces écailles vernissées, d'une consistance osseuse, forment pour la graine une enveloppe qui semble indestructible; mais, par une organisation qui nous fait admirer la prévoyance de la nature, ces écailles, que l'homme eût eu tant de peine à briser par des moyens artificiels, s'ouvrent, comme par enchantement, par la simple action des rayons calorifiques. La chaleur, en les dilatant, les fait courber en sens inverse, les écarte les unes des autres, et dans cette nouvelle position elles offrent une sortie facile à la graine ailée qu'elles tenaient emprisonnée. Rappelons-nous que les cônes restent attachés à l'arbre; en d'autres termes, qu'ils sont persistants, pendants sur leur pédoncule, admirable disposition qui favorise la sortie de la graine : cette dernière, cédant à son poids, se détache librement des écailles entr'ouvertes, et reçoit immédiatement par son aile l'action disséminatrice des vents.

Cette semence germe à l'abri des vieux Pins et forme un jeune repeuplement destiné à remplacer les vieux sujets épuisés et abattus.

Pendant leur enfance, les jeunes Pins ne demandent d'autres soins que d'être à l'abri de la dent et des meurtrissures des animaux, qui trop souvent errent sans gardien dans les pinières par l'incurie des habitants. Quelfois aussi c'est le besoin qui force le cultivateur à tirer parti, pour ses animaux affamés, du maigre pâturage qui croît à l'ombre du Pin maritime.

Parmi les animaux nuisibles à la reproduction naturelle, nous citerons encore l'Écureuil, dont la dent ronge les cônes jusqu'à l'axe, pour s'emparer de la graine, qui est sa principale nourriture. Les marchandes de cônes comme combustibles, qui, à l'exemple des Écureuils, vont les chercher sur l'arbre même, nuisent moins à la reproduction naturelle, parce qu'elles prennent de préférence les vieux cônes ouverts.

Dissémination artificielle.

Si l'on veut former une pinière sur des terres couvertes de landes, on y fait un écobuage et l'on sème par poquets ou augets, distants entre eux d'environ 1 mètre dans tous les sens : on met trois à quatre graines dans chaque poquet. Si la surface est meuble et sablonneuse, il est indispensable de la couvrir de landes pour empêcher ces sables d'être emportés par le vent; ce qui empêcherait les graines de lever et les exposerait à être mangées par les animaux.

Il faut éviter de semer des graines que l'on a fait sortir des cônes par l'emploi du four; elles ont souvent perdu leur faculté germinative : il est plus prudent de faire ouvrir les cônes par l'action du soleil.

Il est bon que les jeunes Pins végètent nombreux et serrés; ils sont ainsi plus fortifiés contre le choc des vents et des tempêtes, et sont moins exposés à se courber ou à se briser sous le poids de la neige, qui les charge beaucoup pendant l'hiver, en se protégeant mutuellement.

Les semis de Pins, sur les dunes fixées et éloignées de la mer, se pratiquent sans difficultés; il n'en est plus de même quand on opère près de l'Océan, sur des surfaces mobiles exposées à l'action directe et violente des vents de mer. Dès 1787, on a employé sans succès divers procédés pour immobiliser les dunes du littoral.

Nous lisons, dans l'*Annuaire du département des Landes,* que c'est l'ingénieur Brémontier qui a réussi, le premier, à fixer ces sables mouvants. Les procédés actuels dérivent des siens, avec une tendance progressive vers l'économie.

Pour ensemencer de Pins les surfaces planes et horizontales qui se trouvent entre le pied des dunes mobiles et le bord de la mer, il suffit de former un clayonnage sur la ligne où le semis sera commencé, à l'ouest vers la mer; ce clayonnage arrête les sables abandonnés par la mer à chaque marée montante. Sans cet obstacle, ces sables desséchés seraient emportés à l'est par les vents d'ouest qui dominent constamment sur cette plage.

La surface protégée contre l'envahissement des sables se fixe définitivement soit par une végétation spontanée, soit par une plantation de Gourbet, *Calamagrostis are-*

naria, que l'on espace de 1 mètre dans tous les sens.

Si ces deux moyens échouent contre la mobilité extrême des surfaces, on pratique le semis sur le sable nu et mobile, et on le couvre ensuite de branchages par un procédé que nous indiquerons plus loin. Arrivons maintenant à la pratique du semis.

Pratique du semis. — L'ouvrier qui sème a un petit sac plein de graine attaché devant lui à sa ceinture : il y prend une poignée de graine avec la main gauche ; il tient de la droite une petite pelle en bois de 4 à 5 pouces de largeur, avec laquelle il fait un trou de 2 pouces de profondeur ; il y dépose trois ou quatre graines, les recouvre, ayant soin d'espacer les trous de 1 mètre à 1^m,50 dans tous les sens. On doit aussi semer par hectare 5 à 8 kilogrammes de Genêt à balais, *Spartium scoparium* : on mêle cette graine avec du sable et on sème à la volée.

Le Genêt croît vite et se plaît dans les dunes ; il abrite les jeunes Pins et les défend contre le vent et le sable. Si le semis a été pratiqué sur une surface préalablement fixée par une végétation herbacée et défendue par un seul clayonnage du côté de la mer, la dépense totale d'ensemencement ne monte pas à plus de 65 fr. par hectare.

Si aucune végétation herbacée n'est possible sur la surface à ensemencer, ce qui a lieu pour les dunes les plus voisines de la mer, on sème également sur ce sol nu et meuble, mais on recouvre le semis de branchages de Pins ou de quelques arbustes garnis de feuilles. On dispose, à cet effet, les branches sur la terre, dans la direction du nord au sud ; à côté de la première branche on en pose une seconde, à côté de la seconde une troisième, et ainsi de suite jusqu'au sommet de la dune : ces branches sont coupées à égale longueur comprise entre 5 mètres et 3^m,50.

Cette première ligne de branches déposée, on en forme une seconde et une troisième, l'une à droite, l'autre à gauche, dans le même sens, de manière que les bouts des branches se croisent.

Pour les fixer invariablement, on place sur les bouts des branches une perche de Pin de la grosseur d'environ 8 centimètres de circonférence, et on fixe en terre le bout de chaque perche avec de petits crochets en bois : ce procédé coûte 167 fr. par hectare, y compris les frais d'ensemencement.

Les dunes, en partie mobiles, ne sont couvertes de branchages que sur les parties mobiles; les frais totaux d'ensemencement peuvent être évalués, dans ce cas, à 96 fr. par hectare. Cette dépense n'est rien en comparaison du bien qui en résulte : d'abord ce sol improductif rapporte en peu d'années du bois et de la résine, et il n'ira pas détruire au loin de riches forêts résineuses et une multitude d'habitations, comme cela s'est vu près de l'étang de Léon et à Vielle (village des Landes), où l'église même a disparu sous les dunes.

Continuons le chapitre de la reproduction du Pin maritime, et traitons sa transplantation en motte.

Plantation en motte.

Le mode de reproduction le plus prompt est, sans contredit, celui que M. Menjou de Benesse a introduit dans le pays depuis une trentaine d'années; il consiste à choisir de petits Pins de trois ou quatre ans qui ont poussé par dissémination naturelle sur des terres marécageuses de nature et de texture fibreuse. Autour du jeune Pin, on découpe une motte solide et consistante qui comprend tout l'appareil souterrain dans sa masse;

2

le tout est transporté sur le lieu de la plantation où la motte et le Pin sont déposés dans des trous de même dimension et de même forme que les mottes : on doit éviter de le changer de sens et d'exposition sur ce nouveau sol. Cette opération pratiquée avec célérité et précaution, le jeune sujet s'aperçoit à peine de la transplantation. Ces plantations se font en lignes, espacées entre elles de 8 à 9 mètres ; l'espacement entre les Pins est de 6 à 7 mètres. La plantation en motte, dont le succès dépend beaucoup de la promptitude de l'opération, n'est possible que dans le voisinage des marais tourbeux, où le sol peut se découper en mottes.

Ce cultivateur, qui a répandu les plantations de Pins en motte, a eu aussi l'ingénieuse idée de faire des Corseries en quinconce qui gênent peu la culture des autres plantes qu'on y pratique. Ce nouveau mode offre deux avantages sur l'ancien, qui consistait à abandonner la reproduction du Chêne-liége à la dissémination naturelle. D'abord les Chênes choisis et transplantés sont mieux espacés, plus beaux et plus nombreux ; car la culture du Maïs et du Seigle ne peut leur faire que du bien par les fumures et les façons que l'on prodigue à ces Céréales. En second lieu, on retire de ces terres, outre le Liége, le gland et le bois, des produits culturaux qui ont presque autant de valeur que sur les terres nues ; car le Chêne-liége, qui a un port peu élevé, une forme arrondie, mais moins développée que celle du Pommier, intercepte peu d'air et de lumière : ses feuilles, qui se renouvellent à la fin du printemps, ne semblent pas être nuisibles au sol. Cette culture forestière intercalée ne serait pas applicable au Pin maritime, qui ne se plaît pas dans l'isolement et qui a besoin de croître en masse serrée pour acquérir cette forme élancée qui fait sa beauté et sa valeur. D'ailleurs, son port élevé, le nombre et l'étendue de ses ramifications priveraient les plantes intercalées de trop d'air et de lumière, et la chute de ses feuilles, qui se fait toute l'année, communiquerait au sol des propriétés nuisibles à la végétation des plantes herbacées.

ÉCLAIRCIES ET ÉLAGAGES.

Les jeunes Pins ont besoin d'être éclaircis dès l'âge de trois à quatre ans; on élague en même temps les premières couronnes de ceux que l'on conserve ; on les laisse distants entre eux d'environ 2 mètres dans tous les sens. Plus tard, quand ils ont 10 à 15 centimètres de diamètre, au lieu d'enlever immédiatement les Pins qui gênent les autres, on les résine vigoureusement sur deux ou trois faces un an ou deux avant l'abatage, on y pratique des entailles larges et profondes, afin d'en extraire le plus de résine possible : on dit alors qu'on les *saigne à mort*. Non-seulement on a l'avantage de récolter de la résine, mais ce résinage donne plus de qualité au bois par l'interposition de la matière résineuse entre les fibres.

Cette amputation affaiblit tellement les jeunes sujets, qu'ils ne pourraient se rétablir lors même que l'on cesserait de les résiner. L'hiver, on remarque beaucoup de ces Pins *saignés à mort*, qui, trop faibles du pied, sont renversés et brisés par le vent.

Par ces éclaircies successives qui fournissent de la résine et du bois, les Pins restants deviennent plus beaux et produisent une résine plus abondante. Jusqu'à l'âge de quinze ou vingt ans, il est bon de retrancher les couronnes les plus anciennes. Ces élagages, judicieusement conduits, font élancer la tige, et l'empêchent d'être noueuse et irrégulière aux surfaces destinées à être entaillées, et nous verrons plus loin combien les Pins réguliers et verticaux l'emportent sur les autres pour la production résineuse et pour la valeur du bois.

Parvenu à l'âge de vingt ans, le Pin, élancé convenablement, n'éprouve plus le besoin de l'élagage; et, quand il devient producteur de résine, il lui faut toutes ses branches et toutes ses feuilles, qui, par les importantes fonctions qu'elles remplissent dans l'atmosphère, ont une grande influence sur la production de la résine. On remarque, en effet, que ce sont les Pins les plus chargés de ramifications et de feuilles qui sont les plus généreux en résine. L'élagage devient d'autant moins nécessaire aux Pins adultes, que le vent ne leur fait subir que trop souvent cette opération. Les couronnes les plus anciennes, devenant de plus lourdes en plus lourdes par l'addition successive de nouvelles ramifications, ne résistent pas longtemps à leur poids et aux efforts du vent; notons, en outre, qu'elles sont horizontales et qu'elles ne font pas, avec la tige, cet angle aigu qui, dans d'autres espèces ligneuses, contribue à fortifier les ramifications sur la tige.

Je dirai, en terminant le chapitre des éclaircies et des élagages, qu'une pinière normale contient cent soixante à deux cents sujets par hectare.

Les nettoiements ne sont pas usités dans les forêts résineuses; cependant ils seraient utiles dans certaines circonstances. Quelquefois la Ronce, *Rubus fruticosus*, et l'Ajonc marin, *Ulex europæus*, se multiplient avec une telle profusion sous les Pins, qu'il n'est pas douteux qu'ils ne soient nuisibles à ces derniers, par l'humidité et les sucs nutritifs dont ils les privent : ces arbustes épineux ont, en outre, l'inconvénient de gêner beaucoup les résineurs qui, nu-pieds, doivent se frayer de nombreux sentiers à travers ce fourré impénétrable. L'Arbousier, *Arbutus unedo*, dont on utilise le fruit pour la fabrication d'une boisson acidulée, croît sur certaines dunes avec une abondance qui doit être aussi préjudiciable aux Pins et aux Chênes-liége. Le Genêt à balais, *Spartium scoparium*, et la grande Bruyère, *Erica scoparia*, paraissent moins nuisibles. Enfin l'*Erica cinerea* et la grande Fougère, *Pteris aquilina*, dont les pinières abondent, sont des espèces trop faibles pour qu'on leur attribue une mauvaise influence sur les Pins; d'ailleurs ces deux plantes sont généralement récoltées par les cultivateurs, qui, à défaut de paille, en font la base de leurs fumiers.

AGE CONVENABLE POUR LE RÉSINAGE.

Les plus beaux Pins sont bons à résiner dès l'âge de vingt ans; disons, toutefois, que ce n'est pas l'âge qui indique la maturité des Pins : il en est qui sont bons à vingt ans, d'autres à trente, d'autres enfin à quarante.

Si l'on tient à avoir des arbres vigoureux et bien développés, il ne faut pas les résiner trop tôt; plus on attend, mieux cela vaut pour la santé des arbres. Le résinage ralentit le développement et abrége la durée des sujets; c'est dans l'âge adulte qu'ils supportent le mieux cette opération, qui semble les constituer dans un état maladif : aussi, dans les Pinières bien administrées, comme celles de l'État, on prescrit avec soin l'âge et la grosseur des sujets à résiner, on introduit dans le cahier des charges des clauses qui prescrivent aux fermiers le nombre et les dimensions des entailles, le nombre de ravivages dans un temps déterminé, etc., toutes instructions qui ont pour but de protéger la santé des arbres contre l'avidité des fermiers qui, affranchis de ces clauses, augmenteraient la masse de leurs produits par de trop fréquentes amputations. Revenons à l'âge du résinage.

L'exposition et la nature du sol, qui ont une influence sur la vigueur des arbres, influent aussi sur l'époque du résinage. Les Pins qui végètent dans les meilleurs sables sont les premiers résinés ; ceux qui sont exposés au sud le sont plus tôt que ceux qui sont au nord.

Il est encore d'autres circonstances qui avancent ou retardent le résinage ; tels sont les éclaircies et les élagages faits à propos dans la jeunesse, la position personnelle du propriétaire. Celui qui, par le manque d'argent, est pressé de jouir, résine ses Pins plus jeunes que celui qui est dans une grande aisance.

Toutefois les bons praticiens posent en principe que c'est la grosseur du tronc qui doit être seule prise en considération ; voici ce qu'ils disent : *Tout Pin est bon à résiner, quand, en enroulant le bras droit autour du tronc à hauteur d'homme, on aperçoit le bout des doigts de l'autre côté* ; c'est dire que le tronc doit avoir environ 25 à 30 centimètres de diamètre.

EXTRACTION DE LA RÉSINE,

RÉSINAGE OU GEMMAGE.

La résine découle des Pins pendant neuf mois de l'année ; elle ne cesse que pendant novembre, décembre et janvier. Physiologiquement parlant, on pourrait dire que cette sécrétion est continue et qu'elle ne fait que se ralentir par l'abaissement graduel de la température. Dès le 15 février, le résineur rentre dans ses Pinières pour n'en sortir qu'au 15 novembre.

La première opération qu'il pratique, c'est l'écorçage

des surfaces qui devront être entaillées pendant le cours de l'année ; elle consiste à enlever la rugosité de l'écorce, de manière à ne laisser sur l'aubier que les dernières couches corticales qui forment une surface régulière, unie et jaunâtre : cette opération et celles qui la suivent exigent l'emploi de plusieurs instruments dont nous allons faire la description et le dessin.

Ces instruments sont la pelle en fer à tranchant acéré, la cognée ordinaire, la barrasquite, la pousse, l'abchotte, l'échelle et le panier du résineur (*voir* ces instruments, pl. 1).

DESCRIPTION DES INSTRUMENTS ET DE LEURS USAGES.

Pelle. — Cette pelle est en fer, son tranchant en acier; elle est munie d'une douille qui sert à lui adapter un manche en bois de $0^m,90$. Elle sert à écorcer les parties les plus basses de l'arbre, à faire et à nettoyer les augets où se dépose la résine au pied de l'arbre; enfin son principal usage, c'est pour retirer la résine de ces petits réservoirs.

Cognée. — La cognée du résineur ne diffère de celle des bûcherons du nord de la France que par son poids, qui est plus considérable; c'est un instrument trop connu pour que nous nous arrêtions à le décrire : on s'en sert pour écorcer les surfaces à hauteur d'homme et pour pratiquer les entailles basses.

Barrasquite. — A défaut de mots français, nous sommes obligé d'employer des termes gascons. La barrasquite ressemble beaucoup à une binette par sa forme et sa lame recourbée; elle est acérée, et son manche en bois a une longueur de $1^m,50$. Les autres dimensions peuvent être prises sur le dessin. Cet instrument sert à l'écorçage pour les surfaces qui ne sont plus à la portée de la cognée, et à la récolte du barras, qui est la résine figée sur l'entaille que l'on ramasse en automne.

Pousse. — Cet instrument, dont les fig. 1 et 2 représentent le plan et le profil, est en fer acéré comme les précédents. Son manche, en bois, a 2^m,40 de longueur. La forme de la barrasquite exige qu'on la fasse fonctionner sur une certaine inclinaison, et, par conséquent, sur des surfaces d'une hauteur déterminée; passé cette hauteur, elle doit être remplacée par la pousse dans l'écorçage et dans la récolte du barras. Ainsi la pousse a les mêmes usages que la barrasquite; seulement cette dernière sert pour les parties moyennes de l'entaille, tandis que l'autre sert pour les parties les plus élevées. La lame de la pousse est inclinée, comme on le voit par son profil; cette inclinaison permet au résineur de la manier à quelque distance du pied de l'arbre, de manière à ne pas recevoir sur la tête les éclats d'écorce ou le barras qu'il détache sur l'entaille.

L'abchotte. — Cet instrument a quelque ressemblance avec la cognée; il en diffère par son manche courbe et par la concavité de sa lame. Il est le principal instrument du résineur; il sert exclusivement aux ravivages des entailles. Il doit couper comme un rasoir, afin que la section des tubes ou vaisseaux résinifères soit aussi nette que possible. Son manche courbe, dans le plan perpendiculaire à celui de ce dessin, donne plus de facilité au résineur placé au pied de l'arbre, ou en équilibre sur l'arbre et son échelle. La concavité de son tranchant, qui est presque semi-cylindrique, donne à l'entaille une forme concave qui facilite l'écoulement de la résine. Sa forme, irrégulière dans le manche et le tranchant, en fait un instrument difficile à employer; ce n'est que par une longue habitude qu'on parvient à le manier avec sûreté, habileté et dextérité. L'usage de l'abchotte rend le métier du résineur d'un assez long apprentissage, et difficile surtout pour les personnes adultes qui n'ont jamais tenu cet instrument pendant leur jeunesse.

Dans sa construction, l'abchotte présente autant de difficultés que le versoir mathématique de la charrue. Il est tel maréchal qui, de sa vie, n'est jamais parvenu à attraper la courbe de l'abchotte.

Le résineur répare souvent cet instrument; le matin il l'aiguise à la maison avant de sortir, et plusieurs fois, dans le cours de la journée, il le retouche avec une pierre qu'il porte à la poche.

Échelle du résineur. — L'échelle du résineur n'est qu'une simple tige en bois, que l'on a amincie en lais-sant, de 0^m,30 en 0^m,30, de petits degrés prismatiques en forme de dents. Un clou renforce chaque degré et en prévient la rupture, qui serait d'autant plus imminente dans le sens des fibres, que cette échelle est toujours en bois de Pin; sa longueur maximum est de 4^m,40; elle sert au résineur pour continuer les entailles qui ne sont plus à hauteur d'homme. Sa forme simple et la légèreté de son bois la rendent moins lourde et plus maniable que l'échelle ordinaire; notons qu'elle doit être maniée d'une seule main, puisque, dans l'autre main, le résineur tient son abchotte, qui pèse presque autant que son échelle. Voici la position du résineur sur son échelle. Il est nupieds, pour avoir plus de dextérité et d'aplomb; le pied droit s'appuie sur l'un des degrés, tandis que le gauche s'enroule autour du tronc, pour fixer l'échelle qui semble toujours prête à tomber. Le pied gauche et la partie supérieure de l'échelle figurent assez bien une fourche qui embrasse le tronc entre ses branches et dont le manche prend un point de fixité sur le sol.

Ainsi, quand le résineur fonctionne, les pieds sont pour l'échelle et les mains pour l'abchotte. Le résineur se complaît à grimper sur son échelle, et il semble que ce soit la position normale pour manier l'abchotte avec le plus de facilité. Très-souvent le résineur monte sur son échelle pour des entailles peu élevées, qu'il pourrait facilement raviver du pied de l'arbre. En allant de Pin à autre, il porte l'échelle sur l'épaule gauche, la maintient de la même main, et tient son abchotte dans la droite.

Panier du résineur. — C'est une espèce de seau qui contient environ 20 litres. Il est tout en liége ; son cylindre est une écorce complète d'un gros Chêne-liége, que l'on a réunie par deux ou trois cercles en bois ; le fond, qui est aussi en liége, est fixé au cylindre avec des chevilles en bois ; une anse en osier, dont on a adouci la surface en y enroulant des chiffons, sert à transporter ce panier de réservoir en réservoir. Il est goudronné par l'usage et ne tarde pas à devenir imperméable à la résine. Une lame en fer est fixée au bord supérieur pour aider à détacher la résine qui adhère à la pelle.

Ce panier rempli est porté sur la tête et vidé dans des barriques munies d'une grande ouverture rectangulaire percée à l'endroit où les barriques à liquide portent une bonde.

Ces barriques, montées sur un train attelé d'une paire de bœufs, sont transportées une à une aux usines de térébenthine.

Tel est le mobilier simple et peu coûteux du résineur ; il fait lui-même son échelle et son panier ; les autres instruments, il les achète aux prix suivants :

La pelle coûte. . . . . 2 fr.   » c.

La cognée (1 fr. le 1/2 kilog.), 5 à. . . 6   »

La barrasquite. 2   »

La pousse. . . . .   2 fr. 50 c.
L'abchotte (1 fr. le 1/2 kilog.), 5 à. . . .   7   »

Opération du résinage.

Tous les instruments du résineur étant connus, je reviens à l'écorçage.

L'écorçage des Pins se fait avec la pelle; à hauteur d'homme, avec la cognée; à 2 et 5 mètres, avec la barrasquite; à 5 et 4 mètres, avec la pousse.

Pour l'économie du temps, plusieurs ouvriers pratiquent ensemble cette opération sur les surfaces de différentes hauteurs : l'un manie la pelle, l'autre la cognée, un troisième la barrasquite et la pousse.

Chaque ouvrier travaille aux entailles dont les hauteurs prescrivent l'instrument qu'il porte.

L'écorçage se fait sur une surface un peu plus longue et deux ou trois fois plus large que celle qui doit être entaillée dans l'année courante.

On retire plusieurs avantages de cette opération : 1° la résine est plus propre; car, si on entaillait des écorces neuves et rugueuses, les éclats jailliraient, plus nombreux, dans la résine, qui en serait salie; 2° les rugosités de l'écorce brute émousseraient le tranchant de l'abchotte, qui doit toujours être parfaitement affilée; 5° la résine, qui se dévierait de l'écorce en suivant les lois de la pesanteur, se perdrait dans les cannelures latérales de l'écorce, tandis que, par l'écorçage, on lui offre une surface unie, qui facilite son écoulement; 4° on pense que, par l'enlèvement de l'écorce, l'action de la chaleur atmosphérique devenant plus immédiate sur les vaisseaux résinifères, la sécrétion de la résine en est sensiblement favorisée.

L'écorçage terminé, on nettoie, avec la pelle, les anciens réservoirs, appelés *crots* en gascon; des résineurs portent la propreté jusqu'à les balayer, ainsi que les surfaces environnantes, afin que la résine soit moins exposée à être salie par des corps étrangers.

Réservoirs. — Ces réservoirs sont de petits augets creusés dans le sable au pied de l'arbre; on en rehausse les parois latérales avec de la mousse et des éclats d'écorce. Quand ils sont récents, la première résine, absorbée par le sable et les corps étrangers, les vernisse et les goudronne, en se durcissant et laissant filtrer dans le sol l'essence de térébenthine. Un réservoir sert ordinairement pour trois entailles successives, d'abord pour celle qui lui correspond directement et ensuite pour chacune des entailles latérales au bas desquelles on creuse une petite gouttière qui conduit la résine dans le réservoir commun. Le résineur agit économiquement en faisant le moins de réservoirs possible; car tout nouveau *crot* occasionne une perte considérable de matière résineuse, indispensable pour en consolider les parois.

Dans quelques localités, ce réservoir est formé de trois planchettes enchâssées dans le tronc et disposées en entonnoir. Disons, toutefois, que ce réservoir est encore rare, et que c'est celui que nous avons décrit le premier dont l'usage est le plus commun.

Cette manière de recueillir la résine dans des augets creusés dans le sol fait éprouver une perte assez notable de la matière résineuse. Il suffit d'inspecter des Pins résinés depuis longtemps, pour juger de la quantité de résine qu'il a fallu pour façonner tous les réservoirs qui les entourent. Cette matière, durcie et noircie par le temps, occupe une surface de 1 à 2 mètres de diamètre et s'étend dans le sol à une profondeur assez considé·

rable. Mais ce n'est pas là la seule perte : ces vases, formés de résine, ne sont pas imperméables à l'essence de térébenthine, qui a, au contraire, la propriété de pénétrer et de dissoudre les matières résineuses plus ou moins solides et plus ou moins desséchées. Aussi, toutes les fois que les réservoirs contiennent de la résine fraîche, il s'opère dans le sol, à travers les parois résineuses du *crot*, une filtration continuelle d'essence de térébenthine ; pour s'en convaincre, il suffit d'entamer un de ces réservoirs et d'examiner le sable avec lequel il était en contact, on le trouvera humide et imprégné de térébenthine. Ce serait donc un grand progrès de remplacer ces réservoirs par des vases de terre vernissés et tout à fait imperméables.

M. Hugues, de Bordeaux, est le premier qui ait songé à faire l'application en grand de ces récipients perfectionnés. Mais il a été plus loin ; au lieu de fixer son récipient au pied de l'arbre, il est parvenu, par des moyens simples et faciles, à l'attacher le plus près possible de l'incision : nouveau perfectionnement, qui doit avoir une grande influence sur la richesse de la résine en térébenthine. Par les anciens procédés, la résine parcourait lentement l'entaille, à travers une masse de matière concrétée, pour venir se rendre au pied de l'arbre ; pendant ce trajet, il n'est pas douteux qu'elle perdait beaucoup d'essence par évaporation ; le récipient ascensionnel de M. Hugues, recevant la matière presque à sa sortie de l'incision, prévient évidemment cette perte favorisée dans les Pinières par une température qui s'élève en raison du pouvoir absorbant des sols siliceux et de la stagnation de l'air intercepté par les Pins. Le récipient de M. Hugues reçoit un couvercle qui protége la matière contre les corps étrangers, tels que les éclats de bois, les insectes, etc.

Aussi M. Hugues, par ses nouveaux procédés, obtient une résine plus abondante, plus propre et plus généreuse en essence. Je ne m'étends pas davantage sur ce nouveau système de résinage, que M. Hugues a développé avec soin dans plusieurs brochures. On y trouvera la solution pratique et économique de son système, comparée aux anciens procédés. Tout cultivateur éclairé ne peut qu'approuver le système de M. Hugues et souhaiter, pour la prospérité des Landes, que son application devienne de plus en plus générale.

Maintenant que le gouvernement songe à créer des fermes-écoles d'application, nous espérons que, au sein de la région des forêts résineurs, il provoquera la formation d'une école de résineurs où la nouvelle et l'ancienne méthode pourront s'étudier comparativement.

Les produits résineux forment une branche assez importante de l'industrie nationale pour qu'ils ne soient pas oubliés dans la distribution des encouragements à l'Agriculture.

Les réservoirs nettoyés et préparés, ou les récipients de M. Hugues, suspendus à l'aide d'une pointe et garnis des tabliers en fer qui arrêtent la gemme sur l'entaille pour la déverser dans ces récipients, le résineur n'a plus qu'à s'occuper de l'entaille, désignée, le plus ordinairement, sous le nom de *carre*. Ainsi la carre, c'est la partie amputée de l'arbre, résultant des incisions ou piques successives qu'on y a pratiquées, et servant de canal à la partie solide de la gemme.

Traitons maintenant la pratique des incisions ou piques.

TAILLE OU INCISION.

Cette opération consiste à amputer l'aubier de manière à mettre à jour les vaisseaux, cellules ou lacunes résinifères. Elle se pratique dès la fin de février, avec un instrument spécial que nous avons décrit sous le nom d'*abchotte*; elle commence au pied de l'arbre et se continue en montant jusqu'à la hauteur maximum de $3^m,53$. L'incision a la forme d'un croissant ; c'est un segment dont l'arc est supérieur et sépare la carre de la partie non incisée, et dont la corde est inférieure et a une longueur de 12 à 13 centimètres, dimension qui est la même que la largeur de la carre.

La carre laboure l'aubier du Pin sur une épaisseur qui varie, du bord au centre, de 1 à 2 centimètres : nous rappelons qu'elle est concave et que c'est au centre qu'elle est le plus profonde. On ne s'explique pas pourquoi cette forme, qui favorise si bien l'écoulement de la gemme, n'est pas adoptée dans certaines localités où la carre plane est en usage de temps immémorial.

Dimension de l'incision. — A chaque pique ou incision, la carre monte de 1 à 2 centimètres, et on a soin, en pratiquant la nouvelle incision, de prolonger les coups de l'abchotte sur les piques précédentes de manière à raviver l'entaille sur une hauteur de 10 à 15 centimètres.

La carre est une véritable plaie qui fait d'autant plus souffrir les Pins qu'elle est plus large, plus longue et plus profonde. Pour mettre un frein à l'avidité des fermiers, le propriétaire en prescrit avec soin les différentes dimensions.

Pour les pinières de l'État, le cahier des charges porte que l'épaisseur du bois à prendre en hauteur à chaque pique ou incision est rigoureusement fixée à 1 centimètre, que la largeur de la carre sera de 11 centimètres et la hauteur de 66 centimètres par année.

Ces incisions doivent être d'autant plus fréquentes qu'une température élevée favorise davantage la sécrétion résineuse. Dans le printemps et l'automne, on pique tous les cinq jours, et tous les quatre en été ; en moyenne, deux fois par semaine.

Le nombre d'incisions qu'un résineur peut pratiquer varie un peu suivant la hauteur des carres ; les Pins *abions*, ceux qui portent des carres de première année, dispensant de l'échelle, sont plus vite expédiés que les carres de plusieurs années ; il est aussi des Pinières tellement encombrées de Ronces et d'Ajonc, qu'il est impossible au résineur de franchir rapidement les sentiers qui séparent les Pins. On comprendra mieux les obstacles des Pinières embarrassées de landes meurtrières, en sachant que le résineur est toujours nu-pieds, pour être plus agile sur son échelle et pour pouvoir enlever avec les pieds les éclats qui jaillissent dans les réservoirs lors de l'incision ; ce nettoiement n'est pas possible avec les mains, dont l'une tient l'abchotte et l'autre porte l'échelle.

Dans les cas les plus ordinaires, un bon gemmier ou résineur pique, en moyenne, 1,200 Pins dans une journée d'été.

Nombre de carres par arbre.— A l'état normal, c'est-à-dire dans l'âge adulte, les Pins ne sont saignés que par une entaille ; il n'y a que les jeunes et les vieux Pins destinés à l'abatage qui soient soumis à plusieurs carres simultanées. Il est de vieux Pins qui sécrètent de la gemme par six ou huit incisions.

Les entailles qui fournissent le plus de résine sont les

quatre premières. Quand le Pin a été saigné par ses quatre faces principales, ses produits résineux diminuent généralement.

Les Pins les plus vigoureux sont les meilleurs producteurs ; il est facile de deviner la décadence et la faible production d'un Pin à la vue de son écorce couverte de Lichens, du petit nombre de ses couronnes, de ses branches à moitié mortes, de ses feuilles exiguës et peu persistantes, de ses pousses annuelles rabougries.

La durée d'une carre étant de quatre à cinq ans, la production de la gemme se maintient pendant seize à vingt ans.

Il ne faudrait pas croire que l'on sacrifie le Pin aussitôt que l'on a épuisé les quatre faces principales. Si le bois a peu de valeur, on pratique quatre entailles successives sur les cannelures qui séparent les quatre premières ; on récolte donc encore de la résine pendant seize ou vingt ans. Le Pin, qui pouvait avoir vingt ans lors de la première entaille, en a alors cinquante-deux à soixante. On pourra encore, sur les cannelures intermédiaires, pratiquer huit entailles qui, menées deux ou trois simultanément, dureront encore une vingtaine d'années; il est donc des Pins qui sécrètent de la gemme pendant cinquante-deux à soixante ans. Arrivés à l'âge de quatre-vingts ans, leur revenu annuel s'est beaucoup affaibli, et il est avantageux de les abattre, ne dût-on les vendre que comme bois de chauffage.

Aux environs de Bayonne, un Pin à quatre carres vaut, sur place, cinq francs comme bois de chauffage ; le bon économiste préfère l'abattre plutôt que de le conserver pour la résine annuelle qui, tous frais faits, ne vaudrait que 15 à 20 centimes. L'abatage a, en outre, l'avantage de favoriser un nouveau repeuplement.

Gemme ou résine. — Revenons à la gemme. Aussitôt que l'abchotte a ravivé l'entaille, la résine suinte en gouttelettes visqueuses et transparentes qui, cédant à leur poids, découlent peu à peu, poursuivant leur marche lente et presque insensible le long de la concavité de la carre, si toutefois celle-ci forme une route verticale, la seule que puisse suivre un liquide abandonné dans sa chute.

Ce principe immédiat, qui, avant son exposition à l'air, n'était probablement que de l'essence pure de térébenthine, absorbe dans son trajet l'oxygène de l'air qui le fait épaissir et blanchir en lui donnant la constitution d'un mélange de résine et d'essence.

La partie la plus solide reste figée sur la carre, tandis que la plus liquide se sépare par jet continu, mais insensible dans le réservoir, où sa consistance augmente successivement par son contact prolongé avec l'oxygène de l'air.

Barras ou galipot. — La gemme concrétée sur l'entaille se désigne sous le nom spécial de *barras* : c'est un corps solide, blanc, opalin, d'un éclat vitreux et d'une adhérence visqueuse. Le barras s'accumule pendant neuf mois sur la carre sans qu'on le recueille.

C'est une méthode vicieuse qui offre les deux inconvénients suivants. Cette résine, exposée à l'air et à la chaleur, en plaques minces, pendant les trois quarts de l'année, perd par évaporation et par oxygénation presque toute son essence, qui est la substance la plus précieuse de ce produit. En outre, cette concrétion, embarrassant toute la surface de la carre, retarde la marche de la nouvelle résine, tout en multipliant ses points de contact avec l'oxygène de l'air. Cela est si vrai que les longues carres finissent par ne fournir que du barras, la résine produite étant interceptée et absorbée dans son trajet. Le système de M. Hugues, qui rapproche le récipient de l'incision, et qui ne permet la production du *barras* que sur une faible longueur, doit évidemment augmenter le rendement en essence.

M. Hugues, qui sait combien le *barras* s'appauvrit par le temps, a aussi la précaution de le ramasser plusieurs fois dans le cours de l'année.

Carre oblique. — Si la carre est oblique par suite de l'inclinaison du sujet, la gemme liquide se dévie à une certaine hauteur, d'où elle tomberait goutte à goutte sur le sol, où elle se perdrait, si le résineur prévoyant n'avait placé en ce point un auget ou une tuile creuse désigné sous le nom de *couch*. Ces gouttelettes sont si irrégulières dans leur chute, souvent contrariée par le vent, que plus de la moitié ne tombe pas dans le réservoir étroit destiné à les recevoir. Le récipient ascensionnel de M. Hugues, pouvant s'attacher près l'incision, reçoit la gemme avant sa déviation, et prévient cette perte de matière qui est incalculable sur les Pins irréguliers et non verticaux.

Si la carre est tellement accidentée que la pose du récipient y soit impossible, M. Hugues reçoit les gouttelettes de gemme dans un vase large, rond, percé d'un trou au centre, vase qui forme entonnoir au-dessus d'un récipient vernissé reposant sur le sable.

La forme circulaire de cette espèce d'entonnoir, dont le plus grand diamètre est d'environ 30 centimètres, se prête évidemment mieux à la réception de la gemme que les *couchs* oblongs, dont la plus petite largeur n'est que de 10 à 12 centimètres. Les couchs ont, en outre, l'inconvénient d'exposer la gemme, sur une grande surface, au contact de l'oxygène de l'air.

Le gemmier, comprenant la perte qui résulte de l'emploi du *couch*, déploie toute son industrie à conduire la gemme directement par la carre au réservoir du pied : si elle tend à s'échapper par l'un des bords, il y enchâsse, de distance en distance, des copeaux qui forment oreille et qui ramènent la matière dans le droit chemin ; si enfin il devient impossible de la maintenir dans la carre, on place au point de déviation un copeau horizontal en forme de gouttière, afin de détacher la gemme en gouttelettes reçues dans un *couch*.

AMASSE OU CUEILLETTE.

Aussitôt que les réservoirs sont pleins de gemme, il faut s'empresser de les vider ; il est même prudent de ne pas attendre que la plupart soient remplis, car alors ceux des meilleurs Pins déborderaient et perdraient la partie de la gemme la plus riche en essence ; ou bien, une pluie survenant les remplirait outre mesure, et cette eau déborderait, emportant avec elle la couche d'essence qui surnage à la surface. M. Hugues, par l'emploi de trous inclinés percés dans la partie supérieure de la paroi latérale de son récipient, permet à l'eau excédante de s'écouler sans entraîner la gemme avec elle. Toute l'eau ne sort jamais du récipient ; il en reste sur la gemme une couche formant une couverture qui protége la gemme contre l'évaporation. Les praticiens ont toujours remarqué que la présence d'une couche d'eau sur la gemme augmentait sa richesse en essence.

Revenons à la cueillette.

Les réservoirs étant suffisamment remplis, ce qui a lieu, en été, tous les quinze ou vingt jours, le gemmier, muni de son panier et de sa pelle en fer, se rend à chaque réservoir ; il prend la gemme avec la pelle, d'où il la

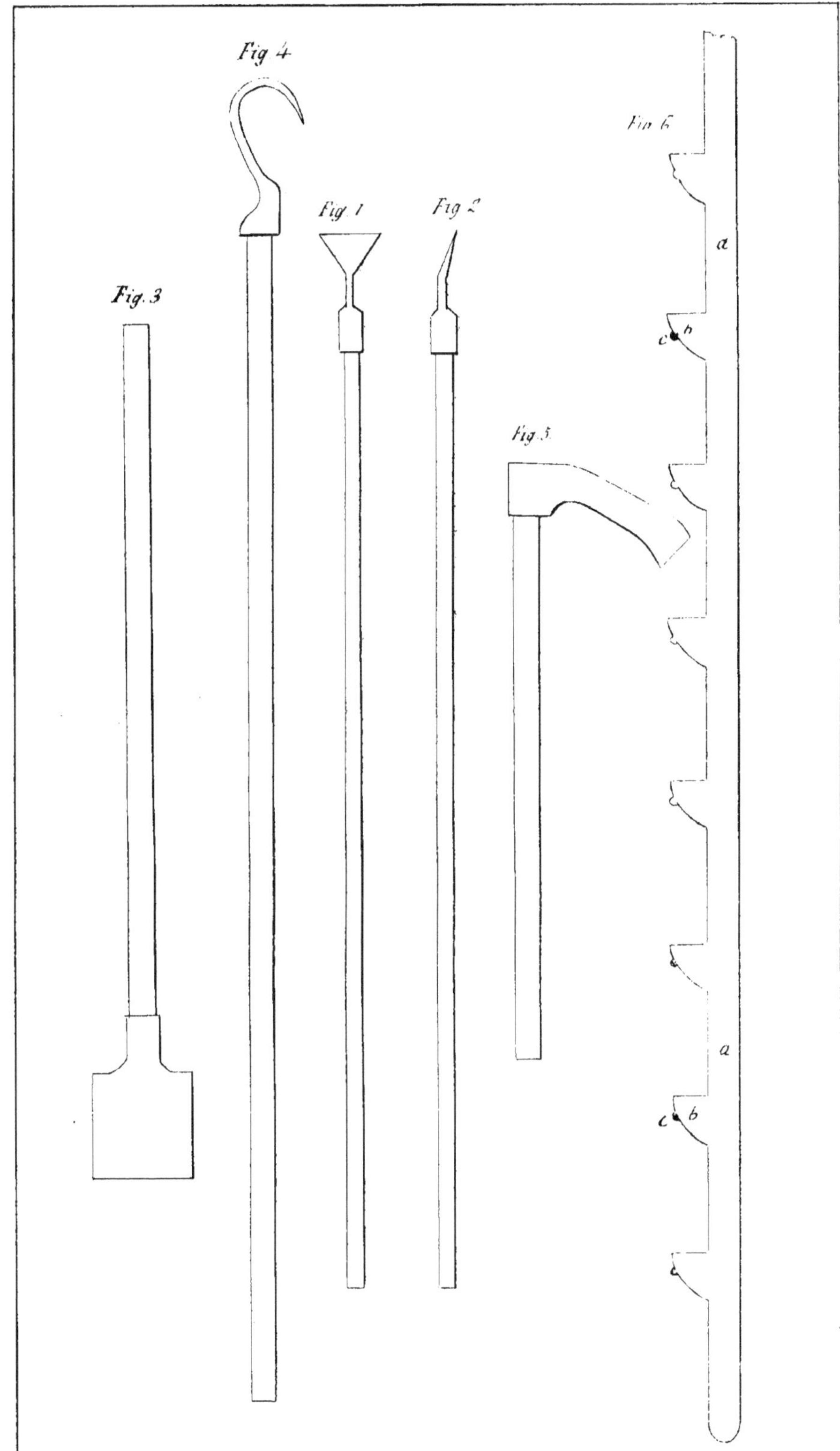
Fig 4
Fig 3
Fig 1
Fig 2
Fig 5
Fig 6
a
c b
a
c b

verse dans l'escouarte (panier), la détachant avec la lame de fer fixée au bord de ce panier, qui, rempli, est vidé dans une barrique.

La gemme des réservoirs creusés au pied des Pins est demi-fluide, d'un blanc jaunâtre, et mélangée de petits copeaux, d'insectes, de sable, etc.; celle de M. Hugues est plus blanche et plus pure, contenant beaucoup moins de corps étrangers.

La barrique de résine contient 42 veltes ou 520 litres; son poids net est de 550 kilogrammes.

Un gemmier ramasse, en moyenne, trois quarts de barrique en une journée. Si la pinière est accidentée et encombrée d'arbustes épineux, la cueillette d'une journée ne sera que d'une demi-barrique, tandis qu'il récoltera une barrique entière dans une forêt plane et nette.

Il faut de mille à douze cents crots (réservoirs dans la terre) pour emplir une barrique de résine.

La quantité de gemme produite par un nombre déterminé de Pins dépend de beaucoup de choses : ainsi elle augmente avec l'intensité de la température, le nombre d'entailles par individu, la dimension de ces entailles, la fréquence des incisions; elle est encore variable suivant la nature du sol, son exposition, ses abris, la vigueur et l'âge des Pins, la hauteur des carres et leur exposition. L'entaille nord donne moins que l'entaille sud; les vents du nord sont nuisibles à la sécrétion, tandis que ceux du sud la favorisent. Les pluies douces, qui, de temps à autre, viennent ranimer la végétation du Pin fatigué par la sécheresse, sont également favorables à la production de la gemme. Les Pins voisins de la mer produisent plus de gemme que ceux qui en sont plus éloignés.

La résine, recueillie dans des barriques, est conduite aux usines où l'on distille l'essence de térébenthine.

Le résineur estime beaucoup cette facilité et cette promptitude dans la réalisation des produits ; il peut, au bout de vingt jours, réaliser en argent la résine, qui est le fruit de sa main-d'œuvre, et l'intérêt du capital représenté par la pinière.

Outre la résine des *crots*, il en est une autre que nous avons mentionnée et désignée sous le nom de *barras* ; c'est celle qui se concrète sur la carre et qui résulte de la partie la plus solide de la gemme. Elle est plus blanche, plus solide et plus propre que la résine des réservoirs, mais elle est moins riche en essence. On ne la recueille qu'une fois l'an, au mois de novembre, quand la sécrétion résineuse a cessé par l'abaissement de la température. On ne la mêle pas à l'autre résine ; on la vend séparément aux usines, qui la distillent, ou aux fabriques de chandelles, qui la mélangent au suif.

Pour la ramasser, on la fait tomber en plaques stalactiformes sur un drap tendu au pied de l'arbre ; on la détache avec la pelle dans la partie basse de la carre, avec la barrasquite dans la moyenne, et avec la pousse dans la supérieure. On en fait souvent deux qualités ; la première composée des plus gros morceaux, qui est la plus estimée, et la seconde qui comprend les fragments et les raclures les plus menues.

Entrons maintenant dans quelques détails économiques sur les produits résineux.

RENDEMENT EN RÉSINE.

M. Bartro nous dit, dans une notice, que, dans le Maransin (partie occidentale de l'arrondissement de Dax), trois mille Pins rendent annuellement douze barriques de gemme et 1,800 kilogrammes de barras.

Il faut ajouter que ces trois mille Pins sont divisés en cinq coupes, dont trois sont résinées tous les ans et deux se reposent.

Douze cents Pins, ayant la plupart deux carres et munis de réservoirs formés de trois planchettes, ont rendu, chez M. Hugues, en une année,

Six barriques de gemme, à 55 fr. l'une.	350f.	» c.
Deux *id.* *id.*, à 55 fr. *id.*.	10)	»
Six barriques de barras (pesant 1,650 kil.), à 36 fr. 05 c.	216	30
Total. . . .	646 f. 30 c.	

Dix sept cents Pins, de différents âges et la plupart à une seule carre, rendent, aux environs de Bayonne,

1° Douze barriques de gemme pesant. . .	4,200 kil.
2° Quinze quintaux de barras *id.* . . .	1,500
Total des produits résineux. . .	5,700 kil.

On dit, dans un article de la *Sentinelle des Pyrénées* (numéro du mardi 29 septembre 1846), que deux mille Pins rendent annuellement,

1° En gemme. . . . . 10 barriques ;
2° En barras. . . . . . . 10 quintaux métriques.

Au reste, le rendement des Pins en résine dépend de tant de circonstances, qu'il n'est pas étonnant qu'il soit exprimé par des chiffres si différents.

1 hectare de terre contient de cent soixante à deux cents Pins, qui rendront,

1° En gemme, une barrique à une barrique et demie ;
2° En barras, 160 à 200 kilogrammes

Le prix de la gemme est très-variable ; depuis quelques années, il varie de 50 à 65 fr. la barrique de 520 litres.

Le prix du barras oscille entre 54 et 58 fr. la barrique pesant net 275 kilogrammes.

Frais. — Les frais du résinage sont, aux environs de Bayonne, de 20 fr. par barrique de gemme. Le résineur partage par moitié le barras avec le propriétaire.

Admettant que 1 hectare de Pins contienne deux cents Pins rendant annuellement une barrique et demie de gemme du prix moyen de 55 fr., et 200 kilogrammes de barras à 14 fr. le quintal métrique, le produit brut de 1 hectare en plein rapport serait,

1° Gemme, une barrique et demie. . .	82 f. 50 c.
2° Barras.	28 »
TOTAL . .	110 50
Les frais seraient.	44 »
Le produit net serait. . . .	66 f. 50 c.

Ce produit net doit être considéré comme maximum ; il est certains hectares de Pins en exploitation qui rendent à peine 56 fr. au propriétaire.

Fermage. — Il est des communes et des propriétaires qui afferment leurs pinières ; les gemmiers qui les entreprennent payent de 15 à 25 centimes par arbre.

La commune de Cap-Breton a affermé des Pins, cette année (1847), à raison de 25 centimes par arbre.

L'hectare qui porterait deux cents Pins rapporterait, dans ce cas, 46 fr. par an.

Les pinières sont les propriétés les plus recherchées, à cause de la sûreté des produits et du haut revenu que l'on en retire : elles rapportent facilement 5 pour 100 du capital d'acquisition ; car 1 hectare de Pins, en plein rapport et pouvant donner, par le fermage ou le résinage direct, 40 à 50 fr. par an, ne se vend que 800 fr. à 1,000 fr. aux environs de Bayonne.

Un gemmier entreprend de quinze cents à deux mille Pins, qui, pour les incisions et les amasses, lui prennent tantôt quatre jours et tantôt cinq jours par semaine, et qui lui rapportent par an de 300 à 400 fr. : notons qu'il ne travaille ces Pins que pendant huit à neuf mois.

Profession de résineur. — La profession de résineur doit être apprise de jeunesse. L'homme adulte qui voudrait se faire gemmier aurait beaucoup de peine à prendre l'habitude de l'échelle et de l'abchotte ; jamais il n'acquerrait la dextérité des gemmiers formés dès l'enfance. Au reste, ce métier est des plus pénibles et des plus sales.

Le gemmier est toujours nu-pieds dans les pinières, trottant au milieu des ronces et des ajoncs, chargé de son abchotte et de son échelle, ou bien portant sa pelle et son escouarte remplie de gemme. La matière résineuse lui salit les pieds, les mains, la figure et les habits, auxquels elle est fortement adhérente ; elle se durcit à l'air sur la peau et les vêtements, et ne se détache qu'avec beaucoup de difficulté, n'étant soluble ni dans l'eau froide ni dans l'eau chaude ; aussi il faut être né résineur pour pouvoir endurer les fatigues et les incommodités de cette profession.

INCENDIE DES FORÊTS RÉSINEUSES.

Les incendies des forêts résineuses sont si fréquents et si désastreux, qu'on nous saura gré de rapporter littéralement ce qu'en dit M. Bartro, dans une notice sur le Pin maritime, insérée dans l'*Adour*, journal de Bayonne ;

ue digne auteur s'exprime ainsi : « Les forêts à résine
« sont extrêmement combustibles ; leur sol est jonché de
« fougères, de genêts, de feuilles sèches. Il est couvert
« de troncs d'arbres qui distillent la résine, dont les
« gouttes sont semées partout. Une seule étincelle, la
« bourre d'un fusil, peut incendier le pays.

« Lorsque ce malheur arrive, le tocsin sonne dans les
« communes voisines, les populations s'arment de ha-
« ches et de pelles ; elles marchent sous la conduite des
« maires, qui dirigent les travaux et composent une
« garde qui doit travailler elle-même et empêcher la dé-
« sertion des autres travailleurs.

« Ils observent la direction du vent sous lequel court
« l'incendie et règlent leur marche sur cette observation.
« A l'aide de cette combinaison, l'incendie se trouve
« cerné par les populations qui marchent pour l'éteindre,
« et, à moins d'un vent très-violent qui lance les flam-
« mèches très en arrière des travailleurs, auquel cas ils
« sont très-exposés à être cernés eux-mêmes par l'in-
« cendie, on le domine assez aisément, et voici comment.

« Les travailleurs se munissent de suite de branches ver-
« tes et rameuses ; ils prennent, à distance relative, un
« alignement de front contre l'incendie ; ils allument de-
« vant eux les fougères et autres combustibles qu'ils
« éteignent au fur et à mesure qu'ils avancent contre
« l'incendie, en les frappant avec leurs branches vertes
« et les couvrant de terre avec leurs pelles : c'est ce qu'on
« appelle faire un *contre-feu*. Lorsque l'incendie arrive,
« il ne trouve plus d'aliment, il est forcé de s'éteindre :
« c'est l'unique moyen dont on se sert pour arrêter les
« incendies des forêts à résine. » C'est le cas de dire
comme certains médecins empiriques, que le feu s'éteint
par le feu.

Les incendies des forêts seraient moins communs si la police n'y était pas si négligée, si les pâtres, les bergères, les gemmiers et les bûcherons ne prenaient plaisir à allumer du feu au sein des pignadas (*forêts de pins*) pour les motifs les plus futiles. Cette braise, qu'ils entretiennent continuellement, leur donne du feu pour fumer, pour rôtir la méture (*maïs panifié*), pour griller leur morue et leurs sardines, préparations culinaires qui auraient dû être faites avant le départ de la maison. Ces foyers en plein air continuent de brûler sur un sol couvert de matières combustibles, tandis que les ouvriers vaquent à leurs travaux. Est-il étonnant, dès lors, qu'il survienne tant d'incendies?

Les compagnies d'assurance se décident difficilement à assurer les pignadas ; d'ailleurs elles ne peuvent le faire qu'en exigeant une prime élevée que n'acceptent pas la plupart des propriétaires.

Le cultivateur prévoyant qui veut mettre ses forêts à l'abri d'un incendie général a la sage précaution d'entrecouper ses massifs par des clairières cultivées et assez larges pour former une barrière infranchissable au fléau destructeur. Ce préservatif, qui coûte moins que les primes d'assurance, devrait toujours être employé par le cultivateur prudent qui ne veut pas s'exposer à perdre en un moment la propriété qui fait toute sa fortune.

L'incendie cause plus de dommages dans les jeunes pinières que dans celles qui sont arrivées à la décadence ; car les vieux troncs ne sont pas consumés par le feu et n'ont rien perdu de leur aptitude à former des bois de charpente, emploi qui indemnise le propriétaire ; il n'en est pas de même des jeunes pinières, que le feu détruit sans compensation.

Terminons le chapitre des produits non transformés

du Pin maritime par l'énumération succincte des usages de son bois.

Usages du bois de Pin. — La plupart des maisons des Landes sont construites en bois de Pin maritime, dont on forme les planchers, les palissades et la charpente qui porte la toiture. Dans beaucoup de magasins à murs planchéiés, il n'entre d'autres matériaux que le Pin maritime et la tuile creuse qui en forme la toiture. Le Pin est aussi le bois dont l'usage est le plus commun, dans les Landes, comme bois de chauffage.

Aux environs de Bayonne, un Pin de 15 mètres de hauteur et d'un diamètre moyen de 25 à 30 centimètres vaut, sur place, 5 francs; si on en fait des planches, on en retire cinquante, dont quinze de choix et trente-cinq ordinaires.

Les quinze de choix valent.	7 f. 50 c.
Les trente-cinq ordinaires valent. . . .	7 »
TOTAL.	14 50

La façon de ces cinquante planches coûte 7 francs.

Ainsi voici les différentes valeurs d'un Pin de force moyenne ayant quarante à cinquante ans.

Comme bois de charpente ou de chauffage 5 francs, de sciage 7 francs ; comme producteur de résine , il rapporte annuellement 15 à 25 centimmes. Ces chiffres montrent à quel âge il est économique d'abattre le Pin maritime.

TRANSFORMATION DES PRODUITS RÉSINEUX.

Pour rendre plus claire et plus intelligible cette transformation , nous rappellerons sommairement les propriétés physiques et chimiques de la matière résineuse non transformée.

Le produit fluide, visqueux qui découle des incisions pratiquées sur le Pin maritime est un mélange d'huile essentielle de térébenthine et d'une résine qui provient sans doute de l'oxydation d'une portion de cette huile. La science présume qu'il n'y a que de l'huile de térébenthine dans le tissu ligneux, que ce n'est que par le contact de l'air que ce produit immédiat se trouve modifié. On donne à ce dernier produit le nom de *résine-térébenthine*.

La résine-térébenthine pure est blanche-jaunâtre, molle, diaphane ; elle a une odeur forte, une saveur âcre et amère, elle est très-inflammable, elle produit beaucoup de fumée par la combustion, elle est peu soluble dans l'eau, mais soluble dans l'alcool, l'éther et les huiles essentielles; par la distillation, elle donne l'essence de térébenthine et le brai sec.

Cette essence est liquide, éminemment volatile, incolore; son odeur est forte, sa saveur est âcre ; sa densité est de 0,86 ; elle bout à 156° centigrades. L'eau n'en dissout pas 1/100. Sa solubilité dans l'alcool est sans limites. La solution alcoolique de cette essence précipite par l'eau; à l'action de l'air, elle se solidifie, se transforme en résine, et dégage de l'acide carbonique.

Elle est composée de carbone et d'hydrogène; sa formule est $C^5 H^4$.

Nous allons maintenant décrire le procédé de distillation usité dans les usines à térébenthine.

DISTILLATION DE LA TÉRÉBENTHINE.

Les ateliers (nom de ces usines) sont loin d'avoir l'apparence grandiose des usines du Nord. Quelques légers bâtiments à tout vent, construits en bois et couverts en tuiles creuses, deux fourneaux qui chauffent, deux ou trois chaudières en cuivre, une grande cornue en fonte, un serpentin baigné dans un condensateur, une pompe et une auge ou deux pour filtrer et recueillir la résine composent le matériel principal de ces modestes usines. Des barriques la gemme est versée dans une chaudière chauffée à une assez bonne température. Cette opération a pour but de liquéfier la matière. Quand elle a été remuée plusieurs fois et qu'elle est bien liquide, on l'abandonne quelque temps à elle-même ; alors les corps lourds qui la salissaient, tels que le sable, les fragments de pierres, tombent au fond de la chaudière, tandis que les plus légers se rassemblent à la surface. Cette première opération est ce que l'on appelle *la liquéfaction*.

Filtration. — La matière liquéfiée est filtrée sur de la paille de seigle, qui la débarrasse de tous les corps étrangers qui ont un certain volume ; les résidus de la filtration sont principalement les copeaux et les éclats de bois provenant des incisions, et les feuilles sèches de Pin que le vent a apportées dans la gemme.

Distillation. — La matière filtrée se réunit dans une auge en bois mobile sur des roulettes ; pour l'introduire dans l'alambic, on ôte le chapiteau, on roule l'auge audessus de la chaudière, et on ouvre une bonde située à la paroi inférieure de l'auge, d'où la matière tombe dans la chaudière. On remet à sa place le chapiteau, dont l'extrémité supérieure tourne autour du serpentin et dont l'extrémité inférieure s'adapte, à l'aide d'une rainure, sur le couvercle de la chaudière. On chauffe à une haute température, et, pour faciliter la volatilisation de l'essence, on ajoute de temps en temps un peu d'eau dans la matière en ébullition, à l'aide d'un entonnoir à robinet fixé sur le chapiteau de l'alambic.

Les vapeurs d'essence et d'eau se condensent dans un serpentin dont les nombreux anneaux plongent dans un réservoir d'eau froide constamment renouvelée.

L'essence et l'eau condensée coulent et se rassemblent, sans mélange, dans un récipient où l'essence, par sa légèreté spécifique, surnage au-dessus de l'eau. Une ouverture latérale donne un libre cours à un petit filet d'essence, tandis que l'on fait écouler l'eau de temps en temps par une bonde percée dans la partie inférieure du récipient.

Rendement en essence. — Le rendement en essence d'une barrique de gemme varie suivant la saison, la pureté de la matière et les procédés de fabrication.

La gemme de première amasse, c'est-à-dire celle qui se recueille au commencement du printemps, est celle qui est la plus riche en essence. A mesure que la température atmosphérique augmente, la gemme est de moins en moins généreuse, à cause des pertes qu'elle éprouve par l'évaporation spontanée ; il est clair que plus elle contient de corps étrangers, moins elle fournit d'essence pour un volume déterminé. Il est aussi reconnu que la gemme des vieux Pins est plus généreuse que celle des jeunes sujets.

Les procédés de fabrication ont une grande influence sur ce rendement. Il y a cinquante ans, les fabricants d'essence ne retiraient que 50 à 55 kilogrammes d'essence par barrique ; des perfectionnements et des modifications apportés depuis dans les appareils et les procédés distillatoires ont presque doublé ce rendement.

Le résidu de la distillation est un liquide noirâtre qui se solidifie à l'air, devient vitreux, cassant et plus ou moins transparent : on le nomme brai sec ou colophane.

Une barrique de gemme pesant net 550 kilogrammes rend ,

1°. En térébenthine (essence), 55 à 65 kilogrammes ;

2° En brai sec, 200 à 220 kilogrammes.

Il a été écrit, dans la *Sentinelle des Pyrénées* , qu'une barrique de gemme extraite par le système Hugues a donné,

1° Essence, 73 kilogrammes ;

2° Brai sec ou colophane, 245 kilogrammes.

Malheureusement la routine plutôt que la science préside à cette fabrication, qui , pour être bien faite et bien comprise , exige quelques notions de physique et de chimie.

Clarification. — L'essence extraite est abandonnée à elle-même dans de grands vases en terre vernissés et fixés à fleur de terre dans le sable. Par un repos de vingt-quatre heures, cette huile dépose et se clarifie; elle est ensuite livrée au commerce dans de doubles fûts, si elle doit voyager longtemps. L'eau qui entoure le fût intérieur empêche l'essence de diminuer de volume par l'évaporation.

Le brai sec est livré au commerce en barriques, ou bien on le manipule, à sa sortie de la chaudière, pour le façonner en pains de résine destinés à la fabrication des chandelles de résine et des vernis.

Prix de l'essence. — Quand la barrique de gemme vaut, en moyenne , 55 fr., l'essence se vend environ 1 fr. le kilogramme, et le prix du brai sec varie entre 5 fr. 50 c. et 7 fr. 50 c. les 50 kilogrammes ; sa valeur dépend surout de sa pureté et de sa transparence.

Fabrication des pains de résine. — Si l'on veut transformer le brai sec en résine du commerce , on procède de la manière suivante :

A sa sortie de l'alambic, il est filtré sur de la paille de seigle ou sur un tamis en fil métallique, d'où il tombe et se réunit dans une grande auge en bois; on le laisse refroidir quelques minutes, puis on y mélange de l'eau bouillante, à la dose de 10 à 12 litres pour 280 kilogrammes de brai sec. L'eau bouillante, en contact avec un liquide dont la température est supérieure à 100 degrés, produit dans la masse une ébullition qui fait enfler la matière constituée alors de petites bulles semblables à de la mousse de café : cette effervescence dure environ une demi-heure. Deux hommes la raniment à quatre ou cinq reprises, en brassant la matière une ou deux minutes avec chacun un bâton. Par suite du refroidissement et de l'évaporation de l'eau, l'ébullition s'opère peu à peu, la matière retourne à son volume primitif et devient pâteuse , jaune et opaque. Par cette manipulation, le brai sec a perdu sa transparence et est passé de la couleur noire à la couleur jaune.

L'analyse chimique comparative du brai sec et du brai ainsi manipulé apprendrait s'il n'est survenu dans la matière qu'un changement moléculaire, ou bien si le brai sec, à cette haute température, n'a pas réagi sur les éléments de l'eau ou de l'air.

La matière, encore chaude et liquide, est coulée dans des moules de sable, où elle se solidifie et se façonne en pains tels qu'on les livre au commerce.

Ces pains pèsent de 50 à 75 kilogrammes ; ils sont d'autant plus estimés qu'ils contiennent moins de matières étrangères.

On ne fait cette résine qu'avec le brai de première qualité, c'est-à-dire avec le résidu de la gemme la plus pure. Le brai le moins pur se vend au commerce, sans transformation, *pour l'usage de la marine.*

Revenons sur les procédés de fabrication des produits résineux; signalons-en les vices principaux et les améliorations qu'il serait utile d'y apporter.

Vices de la fabrication actuelle. — La liquéfaction à feu nu, dans une chaudière ouverte et sans l'emploi du thermomètre, offre les inconvénients suivants :

Pour peu que la température dépasse le point convenable de liquéfaction, il y a perte dans l'air d'une certaine partie d'essence. L'emploi de la vapeur à pression et à température constantes éviterait cette perte par volatilisation.

Si la chaudière était couverte, la liquéfaction se ferait mieux et plus vite; il n'y aurait pas de refroidissement à la surface, et l'atmosphère, saturée d'essence qui couvrirait la gemme, empêcherait cette dernière de faire de nouvelles pertes par volatilisation. Un agitateur mécanique devrait constamment mélanger la matière pour favoriser la liquéfaction et empêcher que la gemme, en contact avec la paroi chaude de la chaudière, ne se volatilisât tandis que la gemme supérieure n'est pas encore liquéfiée.

Il devrait toujours y avoir un thermomètre dans la matière résineuse, pour indiquer à l'ouvrier si la température est inférieure ou supérieure au point convenable de liquéfaction. Dans le procédé ordinaire de liquéfaction, on aperçoit, à la surface du bain résineux, les vapeurs d'essence qui se perdent dans l'air.

Les conduites de résine liquide ne devraient pas être des gouttières exposées à l'air, mais des tuyaux fermés, chauffés par des courants d'air chaud ou de vapeur, afin d'empêcher la matière de se solidifier et d'obstruer ces conduites.

L'introduction de la matière liquéfiée dans l'alambic, par le déplacement du chapiteau, offre le grave inconvénient de faire perdre une grande quantité d'essence. La gemme, mise en contact avec le fond brûlant de la chaudière, forme, en un instant, un épais nuage de vapeurs d'essence qui s'échappent de la chaudière pendant que celle-ci achève de se remplir. Si la matière arrivait dans la chaudière par une conduite fermée et munie d'un robinet ou d'une clef, on éviterait cette perte, qui est souvent considérable.

La distillation à feu nu doit nuire au rendement en essence et à la beauté du brai sec. Quand le feu devient trop ardent, il peut y avoir décomposition de l'essence et coloration plus forte du résidu. La colophane la moins colorée est celle qui a le plus de valeur dans le commerce ; or il est impossible qu'elle ne soit pas noire si le feu devient si vif qu'il calcine une partie de la matière. Je suis fondé à croire que la distillation par la vapeur, qui chaufferait toujours à la même température, donnerait plus d'essence et un brai moins coloré et plus transparent. Notons que cette substitution dans la cuisson des sucres a fait obtenir ces deux résultats, c'est-à-dire un plus grand rendement et moins de coloration dans les produits.

Les résidus de filtration, composés principalement de copeaux et d'éclats d'écorce, imprégnés de gemme, sont déposés dans un four cylindrique percé de deux ouvertures, une petite dans le bas et une grande dans la partie supérieure. On met le feu à ces résidus ; la fumée s'échappe par l'ouverture supérieure ; la matière résineuse se liquéfie par la chaleur, tombe au centre de l'âtre concave et cannelé du four, passe par l'ouverture inférieure et va se solidifier dans un réservoir extérieur. Ce produit est ce que l'on appelle *poix noire*, *peq* ou *brai gras* ; on

le vend en nature au commerce, ou bien on le distille
pour en retirer l'essence.

Ainsi les ateliers retirent de la gemme et du barras
1° l'essence de térébenthine; 2° le brai sec ou colophane;
5° les pains de résine; 4° la poix noire : quatre produits
dont les usages sont nombreux et variés dans les arts.

Le brai sec, mélangé avec le brai gras, est employé
par la marine pour le goudronnage et le calfatage des
navires.

CONCLUSIONS SUR L'INDUSTRIE DU RÉSINEUR.

L'industrie du résineur laisse encore beaucoup à dési-
rer dans les procédés de résinage et de fabrication. L'in-
struction scientifique hâterait singulièrement ses progrès;
car il est évident que les meilleurs procédés de résinage
et de fabrication reposent exclusivement sur les propriétés physiques et chimiques des matières résineuses.

Si le gouvernement créait, au centre des forêts résineuses, une ferme école, où les fils des propriétaires et
des fabricants de térébenthine verraient en application
les procédés les plus rationnels, il rendrait d'immenses
services à cette industrie, dont l'ignorance seule retarde
les progrès et le perfectionnement.

Je réunis dans cet appendice des détails sommaires sur
la fabrication du charbon de bois, du goudron et du noir
de fumée, trois produits qui découlent encore du Pin
maritime. Je dois la plupart de ces détails à M. Bartro,
auteur de l'*Histoire de Cap-Breton*. Je n'avais d'abord
pas la pensée d'introduire ces détails dans ce travail,
ayant l'intention de les suivre pratiquement, comme je
l'ai fait pour les autres parties, et ne voulant me prononc-
cer qu'après avoir acquis l'expérience de ces fabrications.
Néanmoins, comprenant que je laisserais une lacune dans

ce travail, je me suis décidé à réunir ces détails sous forme d'appendice, en me faisant un devoir de citer la source où j'ai puisé une partie des matériaux qui m'ont aidé à rédiger cette fin.

APPENDICE.

FABRICATION DU CHARBON DE BOIS.

Pour faire le charbon avec le bois de Pin maritime, on coupe ce bois en billots de longueur régulière ; puis, à distance égale de la masse des forêts, on établit un plancher circulaire en bûches moyennes, mises à plat et placées sur des traverses de bois, ce qui fait fonction de grille ; sur ce plancher, en commençant par le centre, on pose les billots debout autour d'une longue perche fichée en terre et accolés l'un à l'autre. Quand le plancher est totalement garni, on élève un second étage de la même manière, puis un troisième, en suivant le même mode et formant un cône. A la circonférence, on met les plus petites bûches pour laisser moins de vides. On recouvre ensuite le tout par une espèce de gazon, et celui-ci par une forte couche de terre.

On lie au dehors cette masse par des pièces de bois qui servent d'étais et d'échelles, et alors la charbonnière est faite.

On y met le feu par la sommité, et le foyer principal se forme au centre du cône ; on l'alimente en y jetant du bois toutes les fois qu'il en est besoin, ce que l'on appelle *paître la charbonnière*. Le feu se communique à l'intérieur ; l'ouvrier doit le diriger ; pour cela, il suit la marche intérieure du feu, en ouvrant, sur les côtés, des soupiraux avec une sonde pour l'accélérer, ou en les fermant pour le retarder. Il agit également sur les soupiraux intérieurs , pour empêcher ou favoriser l'entrée de l'air sous la grille.

La combustion diminue le volume de la charbonnière; sa couverture se crevasse; des ouvertures peuvent donner passage à une colonne d'air et causer un incendie difficile à dominer et qui ne produirait en résultat que des cendres : alors on a soin de la tasser souvent à coups de mail, et de boucher, avec du gazon, les trous qui peuvent s'y faire.

FABRICATION DU GOUDRON.

On prend dans le Pin les parties des vieux troncs garnies des anciennes carres; on les fend en petites bûchettes et en grands morceaux que l'on laisse sécher; on construit une grande aire circulaire , pavée en briques carrées, mises à plat, bien jointes et adhérentes, le tout inclinant vers le centre , pour que la liqueur puisse s'y rendre en glissant. A ce centre, il y a une ouverture circulaire qui donne dans un vaste récipient , en forme de chambre, placé au-dessous et dont l'accès est extérieur : c'est le four à la suédoise , dont nous sommes redevables à Colbert.

On élève , au centre de ce four, un piquet auquel on adosse debout, tout autour, des bûchettes jusqu'à la circonférence de 5 ou 4 mètres. On adosse , autour de ce centre, des bûchettes, mais couchées et côte à côte; puis, avec des gazons épais et taillés à 2 ou 5 mètres de longueur, en forme de plancher, on forme une ceinture sur la circonférence du monceau, en laissant le bois à découvert au-dessous , à la hauteur d'environ 50 centimètres; on recouvre ensuite la partie supérieure du monceau avec de la paille et de la terre compacte; il semble alors affublé d'une calotte qui doit réverbérer la chaleur et s'opposer à l'inflammation du produit. On al-

lume le monceau par le bas dans toute sa circonférence ;
on a soin de réparer exactement les crevasses qui peuvent
se faire à la couverture ; la chaleur liquéfie le goudron ; il
dégoutte et glisse vers le centre du four en suivant l'inclinaison de son âtre. Là, à ce centre, on le laisse se cuire
pendant quatre jours, au bout desquels on débouche
l'ouverture du fond, qui conduit au récipient dans lequel
il s'écoule et où on le met en barrique.

Ce goudron trouve son débouché dans les corderies
importantes de Bayonne, qui travaillent pour la marine.
On le trouve inférieur aux goudrons étrangers qui viennent du Nord : cette infériorité doit tenir en partie aux
procédés de fabrication.

FABRICATION DU NOIR DE FUMÉE.

Le noir de fumée est la suie produite par la combustion des résines.

On construit une cheminée ordinaire dont le tuyau
aboutit dans une chambre voisine. Cette chambre a une
ouverture destinée à établir un courant d'air, pour attirer
la fumée dans ce réservoir et vider en dehors les gaz résultant de la combustion ; des toiles pendantes sont éten-
dues dans cette chambre. On brûle avec précaution, au
foyer de la cheminée, les parties de bois les plus résineuses et celles des résines ramassées sur terre et salies.
La fumée qui s'en élève se rend dans la chambre, s'y
répand et dépose la suie ou le noir de fumée sur les toiles
et les parois. Ce produit est livré dans des barriques que
l'on livre au commerce.

Nous terminons ce travail par le tableau synoptique
des végétaux utiles qui croissent naturellement sur les
dunes siliceuses de la Gascogne et par le résumé des produits qui résultent de ces végétaux.

VÉGÉTAUX UTILES DES DUNES ET DES PRODUITS QUI EN DÉCOULENT.

ESPÈCES.	PARTIES UTILES.	USAGES DANS LE COMMERCE ET DANS LES ARTS.
PIN MARITIME DE BORDEAUX, *Pinus maritima.*	*Racine.*	Elle entre dans la confection des paniers des pêcheurs d'eau douce et des corbeilles de ménage.
	Écorce.	On en fait une solution dont les marins imprègnent leurs filets.
	Cônes.	On s'en sert comme combustible dans les foyers.
	Feuilles.	On en chauffe les fours où l'on cuit le pain
	Bois.	Il sert pour 1° La charpente, 2° Le chauffage, 3° La confection des planches, 4° Les pilotis, 5° La confection du charbon de bois, 6° La fabrication du goudron, dont la marine enduit tous ses cordages, 7° La fabrication du noir de fumée.
	SUCS PROPRES. 1° *Gemme.* 2° *Barras.*	Par la distillation, on en retire 1° L'essence de térébenthine utilisée dans les peintures et les vernis; 2° Le brai sec, dont le plus transparent entre dans les vernis; 3° Le brai gras, qui, mélangé au brai sec, sert à goudronner et à calfater les embarcations et les navires; 4° Les pains de résine, qui ne sont que du brai sec manipulé avec de l'eau bouillante, et qui servent à la fabrication des chandelles de résine; 5° Le barras non distillé, qui entre dans la confection des chandelles de suif.
CHÊNE-LIÉGE, *Quercus suber.*	*Écorce.*	C'est le liége dont on fait des bouchons, des semelles, dont on garnit les filets.
	Bois.	Il sert pour le chauffage.
	Fruits.	Les glands sont mangés par les porcs.
CHÊNE PÉDONCULÉ, *Quercus pedunculata.*	*Écorce.*	Elle sert pour la tannerie.
	Bois.	On l'utilise pour les constructions maritimes et le chauffage.
	Fruits.	Ses glands sont plus estimés que ceux du Chêne-liége pour les porcs.
Arbutus unedo.		On fait avec le fruit une boisson acidulée; son bois sert au chauffage.
Erica scoparia.		On en fait des clôtures pour les Vignes et les jardins.
Erica cinerea.		Elle remplace la paille dans la fabrication des fumiers.
Pteris aquilina.		Idem.
Ulex europæus.		Les jeunes pousses nourrissent les bœufs pendant l'hiver.
Spartium scoparium.		On en fait des balais.

FIN.

NOTICE

SUR

LA CULTURE DES DUNES

DE CAP-BRETON.

Je crois utile de faire connaître la culture de la Vigne pratiquée sur les dunes qui touchent à l'Océan.

A 4 kilomètres 1/2 du marais d'Orx, du côté de l'Océan, se trouve un petit village nommé Cap-Breton, qui n'est peuplé que de marins et de pêcheurs. Entre la mer et ce village, sur une longueur d'environ 2 kilomètres, on ne voit que des dunes d'un sable mouvant : croirait-on que ces sables, si pauvres et si stériles (aucune plante naturelle ne peut y végéter), soient devenus productifs par l'industrie du cultivateur! Les personnes qui l'ignorent n'apprendront pas sans intérêt comment on a tiré parti de ces dunes qui, dans d'autres cantons, semblent voués à une éternelle stérilité.

Le pêcheur auquel la tempête laissait des loisirs a choisi dans ces dunes les surfaces déclives qui jouissent de l'exposition de l'est et du sud-est. *Ici l'exposition avait plus de valeur que le sol lui-même.* En effet, dans le golfe de Gascogne les vents de mer sont si violents, qu'aucun végétal ne peut croître avec succès quand il n'est pas abrité du côté de la mer. On ne devait donc songer à cultiver que les expositions de l'est et du sud-est, qui ont le double avantage de jouir longtemps des rayons solaires et de n'avoir rien à craindre contre les mauvais vents.

En aucune circonstance l'exposition du sol n'a plus de valeur que sur ces dunes ; car toute surface exposée aux vents de mer est impropre à toute espèce de culture, puisque ces vents en emportent le sable et la font changer de forme et de niveau aussi souvent que la mer devient orageuse. Le cultivateur n'a donc dû porter ses vues que sur les expositions est et sud-est. Il a commencé par donner de la stabilité à la surface du sol au moyen des clôtures sèches. Il pousse dans nos landes et dans les pinières une Bruyère, *Erica scoparia*, haute de $1^m,50$, dont les rameaux verticaux et rapprochés forment un excellent abri contre le vent et le sable. Le cultivateur emploie fréquemment cette Bruyère pour clôturer ses champs, ses cours et ses jardins; elle les défend parfaitement contre les animaux, le vent et les ensablements. Les déblais de notre canal de desséchement, qui porte à la mer les eaux du marais d'Orx, ont fourni un sable que le vent emporte dans les champs voisins; pour l'arrêter, on a recours à cette Bruyère; elle ne pourrait être remplacée que par la paille, qui est plus rare, qui coûterait plus cher et durerait moins longtemps. Je reviens au cultivateur de Cap-Breton : il a donc utilisé cette Bruyère pour clore les pentes convenablement exposées; puis il a planté de la Vigne sur ces gros sables coquilliers. La Vigne y réussit à souhait, et son Raisin exquis se vend très-cher sur le marché de Bayonne. Maintenant on ne laisse pas inculte le plus petit coin de dune abrité du côté de la mer. J'ai visité plusieurs fois ces Vignes renommées pour la qualité de leur Raisin. Aux soins qu'on leur prodigue et à la surface qu'elles occupent, j'ai deviné qu'elles formaient la culture principale de ce pays.

On est vraiment étonné de voir cultiver la Vigne avec tant d'intelligence dans cette partie du département des

Landes, où cette culture n'est qu'exceptionnelle dans les villages circonvoisins.

Plus loin, du côté de Bordeaux, ces dunes s'avancent dans les terres et vont au loin stériliser des champs cultivés, tandis qu'à Cap-Breton on les fixe par des clôtures et on en retire de beaux bénéfices par la culture de la Vigne.

A Cap-Breton on fume la Vigne avec le guano qui, outre sa propriété de fertiliser le sol, aurait encore celle de faire périr la larve du hanneton, qui fait quelquefois de grands dégâts. Ce guano d'excellente qualité s'achète au port de Bayonne, à raison de 29 fr. les 100 kilog. ; on en met jusqu'à 200 kilog. par hectare.

Voici l'origine de la création de ces Vignes.

Les sables mouvants des dunes comblaient, de temps à autre, l'embouchure d'une rivière qui passe à Cap-Breton, ce qui exposait le village à de fréquentes inondations. Pour prévenir ces désastres, il y a environ deux siècles, on fixa les sables en permettant gratuitement d'y planter des Vignes fermées de clayonnages.

Voici comment un historien moderne termine la description de Cap-Breton :

« Du côté de l'occident, comme d'une haute falaise, le
« bourg regarde la mer, dont il n'est séparé que par des
« dunes dont les pentes est et sud-est sont plantées de
« Vignes qui, vues du clocher, ressemblent à de vertes
« draperies posées sur un fond éclatant de blancheur.
« Elles produisent en assez grande quantité des Raisins
« estimés pour la vente et pour la fabrication des vins
« rouges et blancs extrêmement délicats, connus sous le
« nom de *vins de sables*. »

Le même auteur dit plus haut, au sujet du Pin maritime :

« On arrive à Cap-Breton par une forêt de Pins entre-

« mêlés de Liéges; le Pin y acquiert les plus belles pro-
« portions; on en extrait le suc résineux au moyen d'en-
« tailles longitudinales qui, sillonnant le tronc à 5^m,50
« de hauteur, et formant, autour de la tige, des canne-
« lures régulières également distantes entre elles, font
« de chaque Pin en particulier une colonne naturelle-
« ment striée que surmonte un chapiteau d'éternelle ver-
« dure et, de leur ensemble, un vaste portique sous le-
« quel le voyageur marche continuellement à l'ombre. »

Il faut avouer qu'on ne peut pas faire une description
plus poétique du Pin de Bordeaux.

J'ajouterai quelques courts détails historiques sur l'origine de nos grandes pinières et de l'industrie des résines.

En 1638, l'essence dominante des forêts de Cap-Breton
et de Labenne avait été le Chêne ordinaire; elle fut remplacée sous Colbert par le Pin maritime.

Colbert avait recréé la marine, et, quoique le Pin maritime existât déjà dans les Landes, il provoqua l'extension
de la production de cette essence dans l'intérêt de la marine, y naturalisa l'industrie des résines, dont nous étions
tributaires de la Suède; c'est ainsi que le Pin devint, dans
ces forêts, l'essence dominante. Nous devons les fours à
la suédoise à Colbert : ce ministre considéra nos matières
résineuses en homme d'État; il ne se borna pas à encou-
rager la culture des Pins et à provoquer de nouveaux semis, il fit venir des ouvriers suédois pour diriger les habitants des Landes dans la construction des fourneaux à
goudron et dans toutes les autres parties résinières,
d'après les procédés connus dans le Nord.

Revenons sur les Vignes de Cap-Breton et sur leur éta-
blissement.

On choisit une surface inclinée à l'est, et par conséquent abritée du côté de la mer; on l'entoure de clôtures

en ramifications de Bruyères quelquefois mélangées de paille, en les assujettissant avec de forts piquets en Pin. La clôture occidentale doit être la plus forte, parce que ce sont les vents de mer qui sont les plus violents et les plus nuisibles à la fleuraison. On combat les vents du sud par des brise-vent transversaux qui divisent la Vigne en petits rectangles de 10 mètres de largeur sur 15 mètres de longueur. Pour planter, on prend des boutures ou des marcottes enracinées. Le mode le plus usité est celui des boutures : les lignes de boutures sont espacées de 0^m,90, et les boutures sont distantes entre elles de 0^m,20 ; çà et là, dans les interlignes, se trouvent des plants isolés destinés à remplacer ceux qui manquent dans les lignes.   •

Chaque fois que j'allais à Cap-Breton j'étais étonné de voir des femmes occupées à transporter dans les Vignes des corbeilles pleines de sable qu'elles tenaient sur la tête ; je pensais que cette opération avait pour but de rechausser la Vigne, j'étais dans l'erreur ; ces sables sont des sables neufs qui servent à *amender* ou plutôt à *fumer* les Vignes. On fume tous les ans, une année avec du sable neuf pris sur des sables réservés pour cet objet près de la Vigne, et l'année suivante avec du fumier ordinaire.

Quand on établit une Vigne, on a soin de ne pas clôturer toute sa surface ; on en laisse une partie pour les ensablements, à moins qu'on ne soit voisin des sables communaux, où les riverains seulement ont le droit de prendre leur provision annuelle de sable salé.

Le sable dans lequel la Vigne a végété un an ou deux ne contient plus ce sel marin, qui donne de la fraîcheur et de la force à la Vigne ; il est donc utile de le renouveler : une année, on ensable la Vigne sur une épaisseur de 9 à 12 centimètres ; l'année suivante, on la provigne et on en fume chaque provin.

L'ensablement exhausse successivement le niveau des Vignes comme celui des plants d'Asperges. Les Vignes n'étant jamais renouvelées, il en est de vieilles qui, si elles étaient développées, auraient une racine dont la longueur dépasserait 5 mètres; elles sont ensablées à des profondeurs qui varient suivant leur âge.

Le vieux bois disparaissant par les ensablements et les provignages, ces Vignes ont toujours l'aspect de jeunes ceps. Le bois sur lequel on a taillé, cette année, à trois ou quatre œils, disparaîtra, l'année prochaine, par le provignage ou par l'ensablement, *et jouera le rôle de racine après avoir rempli celui de tige.*

Remarquons que l'ensablement avec sable neuf et le provignage avec fumier sont deux opérations qui se ressemblent au point de vue physiologique. Le sable neuf, c'est du fumier, et, par l'ensablement de la tige, le provignage est vertical au lieu d'être horizontal. Il faut croire que les parties anciennes des racines deviennent presque inertes par le manque d'air et par l'épuisement du sable où elles ont d'abord végété. Tout à l'heure je disais que le vigneron ne renouvelait jamais sa Vigne; si nous nous rendons bien compte de ces opérations, nous verrons au contraire qu'il les renouvelle tous les ans, soit par le provignage, soit par l'ensablement.

Au moyen de petits échalas on monte les ceps à une hauteur de 0ᵐ,50 à 0ᵐ,60, pas davantage; car les vents salés leur seraient trop nuisibles lors de la fleuraison.

L'entretien de la Vigne consiste en clôtures, brise-vent, ensablement, provignage avec fumure, taille, échalassement et ébourgeonnage. Ces frais montent à 500 fr. par hectare. Si on ne vend pas son Raisin à Bayonne, on récolte, année ordinaire, 70 hectolitres de vin par hectare.

Cette année , ils valent 25 fr. l'hectolitre : leur prix moyen est de 20 fr.

Ils sont blancs ou légèrement colorés en rouge, capiteux et deviennent bons en vieillissant ; seulement on accuse ces vins de *sables* (c'est le nom du commerce) de couper les jambes.

Quand je donne le chiffre de 70 hectolitres par hectare, j'entends parler d'une récolte ordinaire et non pas d'une moyenne que l'on obtiendrait en tenant compte des années nulles. Cette moyenne serait beaucoup plus faible que 70 hectolitres. Les vents salés brûlent très-souvent les fleurs ; voilà quatre années successives qui sont nulles par leur mauvaise influence.

Le ver blanc fait beaucoup de ravages à ces Vignes, dont il ronge la racine ; on avise au moyen de le détruire par l'emploi du guano. Quand on aperçoit un cep malade, on le coupe pour faire périr le ver blanc, qui est, comme on sait, la larve du hanneton.

Je donne ci-contre le plan et le profil du terrain de Cap-Breton cultivé ainsi que je l'ai indiqué dans cette notice.

Légende de la planche ci-contre.

a a a a, clôture en bruyère de 1^m,50 de hauteur.
b b,   brise-vent en bruyère de 10^m en 10^m.
c c c c, plants de vignes.
d,   sables des alluvions marines formant des dunes.

FIN.

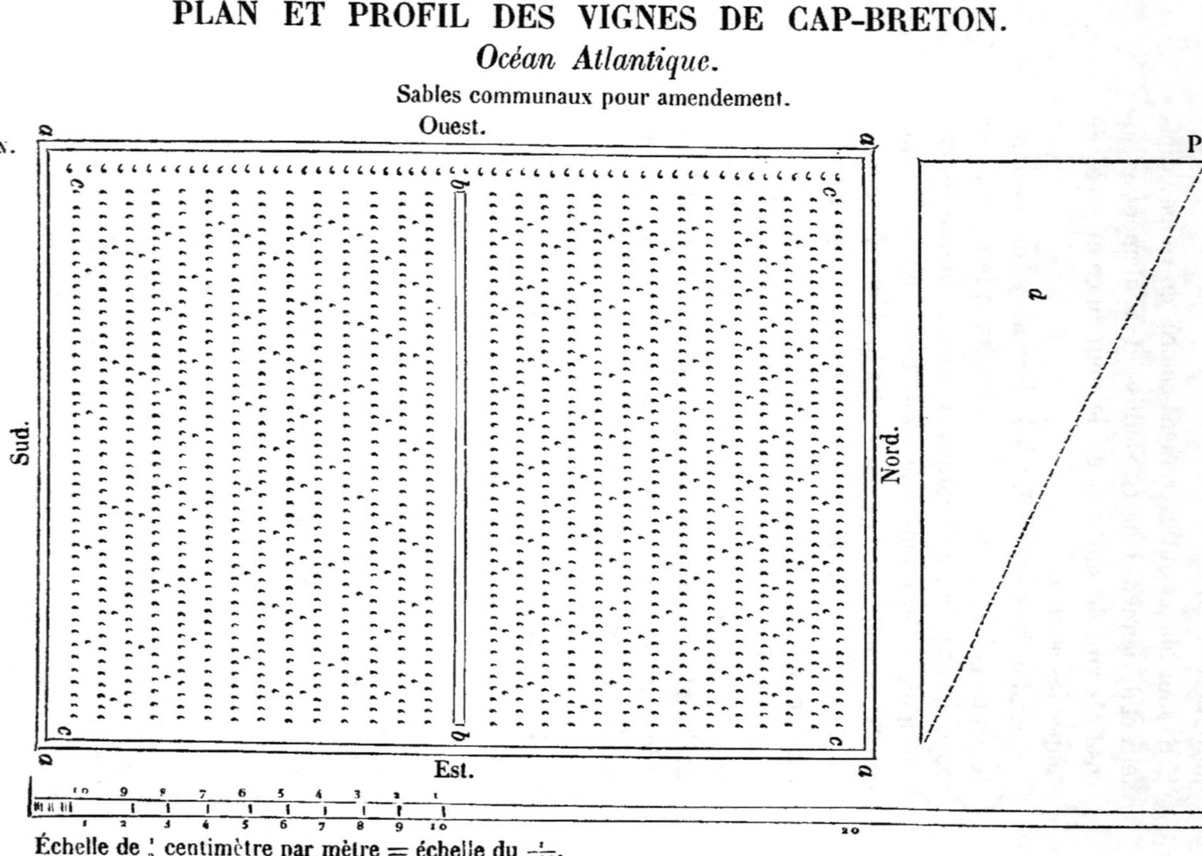

PLAN ET PROFIL DES VIGNES DE CAP-BRETON.
Océan Atlantique.
Sables communaux pour amendement.
Ouest.
PLAN.
PROFIL.
a
a
a
a
b
b
c
c
c
c
d
Sud.
Nord.
Est.
Échelle de ½ centimètre par mètre = échelle du 1/200.

NOTICE

SUR

LA FLORE DES MARAIS

DU

DÉPARTEMENT DES LANDES.

J'ai étudié les plantes qui couvrent les surfaces tourbeuses et qui garnissent les masses d'eau des terrains que j'ai à dessécher et à mettre en culture : j'ai pensé que le résultat de ces études pourrait offrir de l'intérêt ; aussi en ai-je fait l'objet d'une notice qui trouve sa place dans ce petit ouvrage.

Avant de parler des plantes, j'indiquerai sommairement la nature des terrains des marais dont le sol est de la tourbe.

ÉTUDE DU TERRAIN TOURBEUX.

L'uniformité qui règne dans les formations tourbeuses et vaseuses nous dispense d'entrer dans de longs développements : le sondage des terrains m'a fourni les données suivantes.

Une partie du marais est couverte d'une couche de tourbe dont la puissance varie de 1 à 2 mètres ; cette tourbe est immédiatement suivie d'une vase plus ou moins argileuse qui a dû se former par le dépôt simultané de particules argileuses et de matières organiques tenues en suspension dans l'eau.

L'incinération dans un creuset peut faire connaître, avec une approximation suffisante, les proportions respectives d'argile et des matières organiques qui composent cette vase.

L'autre partie du marais, qui est la plus basse, ayant été constamment immergée par une couche d'eau épaisse de plusieurs mètres, ne s'est jamais couverte de la végétation aquatique qui s'est développée avec tant de luxuriance sur les parties les plus élevées du marais. Après l'eau, j'ai trouvé une vase assez analogue à celle qui suit la tourbe. Plusieurs sondages, pratiqués sur des points différents, me fournissent des échantillons de nature analogue.

La vase varie de couleur et de nature suivant les différentes profondeurs auxquelles elle est prise.

A la surface, elle est marron et contient beaucoup de débris organiques peu décomposés; à mesure que l'on sonde plus loin, elle devient plus grise et plus terreuse : cette dernière qualité tient à la décomposition avancée des matières organiques. Elle exhale une odeur styptique qui nous fait prévoir l'emploi indispensable de la chaux pour détruire cette acidité et hâter la décomposition des matières organiques.

Si le desséchement se fait convenablement, il est à présumer que cette vase tourbeuse, amendée par la chaux, formera une excellente terre végétale aussi fertile que celle des bonnes alluvions fluviatiles.

Il est à noter que l'absence de la tourbe, sur certains points des marais, diminuera considérablement les premiers frais de la mise en culture.

La texture de cette tourbe n'est pas la même partout; elle est plus ou moins fine, plus ou moins régulière, suivant les plantes dont elle est formée, et ceci est important à considérer, car les difficultés de sa dessiccation et de sa destruction seront d'autant plus grandes qu'elle sera plus grossière, plus compacte, plus serrée et plus impénétrable aux instruments aratoires.

Les plantes grasses et fortes, telles que les TYPHA, les ARUNDO et plusieurs JONCÉES et CYPÉRACÉES, fournissent, par leurs débris, une tourbe grossière impropre à servir de sol à la plupart des plantes cultivées; au contraire, dans les parties moins marécageuses, où les grosses plantes aquatiques ne trouvaient pas les conditions normales de leur existence, la tourbe est plus fine, plus décomposable, plus accessible aux instruments, et pourra, je l'espère, porter et nourrir un certain nombre de plantes assez exigeantes, qui appartiendront à des familles différentes. La végétation spontanée que j'ai observée sur cette tourbe me donne l'espoir que des assainissements convenables et un écobuage superficiel, suffiront pour transformer ces pâturages grossiers en une prairie naturelle qui ne sera pas sans qualité. Partout où la tourbe présente cette texture heureuse et cette composition complexe qui conviennent à beaucoup de plantes, et notamment à des GRAMINÉES, je ne pense pas qu'il soit avantageux de la soumettre à une destruction complète par l'incinération.

Il serait intéressant de savoir combien la vase appartenant aux couches successives contient de parties organiques, de parties terreuses, d'argile, de sable, de chaux; combien elle fournirait de cendres par l'incinération, quels sont les éléments principaux de ces cendres; comment elle se comporte par la dessiccation et par l'humidité, etc.

Avec un petit réchaud, quelques creusets, de petites balances et des réactifs, il me sera facile et peu coûteux d'acquérir tous ces renseignements, que je publierai ultérieurement dans le résumé de mes opérations de dessèchement et de mise en culture d'une partie de ces terrains tourbeux appartenant aux marais.

En attendant, je sens ici, comme pour beaucoup d'autres choses, combien les applications de la science à la recherche de solutions de questions agricoles ont d'intérêt et d'utilité.

ÉTUDE DES VÉGÉTAUX.

J'ai eu l'occasion de citer précédemment les plantes qui croissent naturellement sur les bords de la mer et celles des forêts résineuses; je vais ajouter à cette citation des plantes du département des Landes l'énumération des espèces principales croissant dans les marais, et indiquer quelques-unes des plantes qui sont et qui peuvent être utilisées en agriculture.

M'attachant plutôt aux plantes utiles qu'à celles qui ne seraient intéressantes que sous le rapport botanique, on ne devra pas s'étonner que je néglige de citer certaines petites espèces qui ne présentent aucune ressource au cultivateur.

Les plantes aquatiques n'aiment pas toutes l'eau ni l'humidité au même degré : les unes se plaisent en pleine eau et sont nageantes ou flottantes au sein des étangs et des grandes masses d'eau; les autres préfèrent une situation intermédiaire, soumise aux alternatives de l'humidité et de l'immersion; d'autres enfin ne prospèrent que sur des surfaces humides, mais exemptes de longues immersions.

Voici le tableau des espèces principales, avec l'indication de l'habitat spécial à chacune d'elles.

Les plantes de pleine eau sont

Les Nymphæa *lutea* et *alba*, Typha *angustifolia* et

latifolia, espèces qui sont plus communes dans les eaux dormantes que dans les eaux courantes;

Les POTAMOGETON *crispum*, *natans*, *lucens* et *pectinatum*, UTRICULARIA *vulgaris*, se trouvant dans les eaux dormantes;

Les SPARGANIUM *ramosum* et *simplex*, CALTHA *palustris*, RANUNCULUS *lingua*, HOTTONIA *palustris*, MENIANTHES *trifoliata*, ALISMA *plantago*, GLYCERIA *fluitans*, dans les eaux courantes.

Les plantes qui se plaisent sur les surfaces alternativement humides et immergées sont les suivantes : ARUNDO *phragmites*, SCHOENUS *mariscus*, IRIS *pseudo-acorus*.

Celles qui croissent sur les surfaces marécageuses, rarement immergées, sont : HIBISCUS *roseus*, ERIOPHORUM *angustifolium*, POLYSTICHUM *thelypteris*, ABAMA *ossifraga*, STACHYS *palustris* et *sylvatica*, JUNCUS *bufonius*, ALISMA *ranunculoides*, LOBELIA *urens*, ALNUS *glutinosa*, MYRICA *gale*, plusieurs SALIX, LITHRUM *salicaria*, LYSIMACHIA *vulgaris* et *nummularia*, EPILOBIUM *molle*, JUNCUS *conglomeratus*, LATHYRUS *palustris*, CAREX *Schreberi*, *riparia* et *cæspitosa*, LOTUS *corniculatus*, ANTHOXANTHUM *odoratum*, FESTUCA *glauca*, AGROSTIS *canina* et *vulgaris*, HOLCUS *lanatus*, PANICUM *crus-galli*, POA *trivialis*.

INFLUENCE DE CHAQUE ESPÈCE VÉGÉTALE SUR LA FORMATION DU TERRAIN.

Ces plantes sont citées dans l'ordre de leur affinité pour l'eau. Les premières croissent dans les lieux les plus bas, tandis que les autres croissent dans les parties marécageuses supérieures au niveau des étangs et se reliant par une pente insensible aux terres desséchées et cultivées.

Dans cette classification, nous rangeons les plantes d'après les conditions qui sont les plus favorables à leur végétation, sans prétendre que ces conditions soient exclusives et indispensables à l'existence de ces mêmes plantes.

A l'exemple des espèces animales, les plantes savent souffrir et dégénérer avant de succomber à une vie qui n'est plus entourée des meilleures conditions naturelles. Le Nénuphar ne meurt pas par la disparition de l'eau, son élément de prédilection ; mais cette privation le rend souffreteux et plus faible dans tous ses organes : de même nous voyons les Carex, le Schoenus *mariscus* et plusieurs autres végéter languissamment dans l'eau, sans succomber à cette nouvelle condition défavorable à leur végétation : c'est probablement dans un but de conservation et de propagation que la nature n'a pas voulu être impérieuse dans les circonscriptions qu'elle a assignées aux espèces végétales.

Les plantes aquatiques ont une utilité que j'appellerai géologique, qui les rend précieuses dans l'exhaussement du niveau du sol des marais.

Favorisées dans leur végétation par la température chaude et humide du sud-ouest de la France, elles deviennent fortes et vigoureuses, et fournissent annuellement une couche abondante de détritus organiques. Les racines s'entrelacent et forment un tissu serré dont les mailles sont remplies par les débris de l'appareil aérien. Ces couches annuelles et successives constituent un terrain tourbeux, spongieux, éminemment humeux, dont le niveau s'élève d'une hauteur que j'estime, en moyenne, à 5 centimètres par an.

Quoi de plus intéressant que ces végétaux qui comblent les marais avec les éléments solidifiés de l'eau et de l'atmosphère! L'ingénieur dessèche à grands frais en faisant baisser le niveau de l'eau ; la nature atteint le même but, gratuitement, en exhaussant le niveau du sol sans changer celui de l'eau ; seulement cette dernière procède avec plus de lenteur. Il y a, dans les Landes, des marais où ce remblai naturel a une puissance de 4 mètres ; certains de ces marais, d'abord inférieurs au niveau de l'Océan, se sont ainsi exhaussés et desséchés de manière à permettre une culture estivale, telle que celle du Maïs.

Ces débris organiques forment une tourbe de formation plus récente encore que celle que l'on extrait des tourbières de la Somme ; elle diffère de cette dernière par moins de compacité et par sa décomposition facile sous l'influence des agents atmosphériques. Elle se conserve indéfiniment dans l'eau ; seulement elle se tasse à mesure qu'elle est chargée davantage par l'addition successive des couches supérieures.

Ces détritus organiques sont peu propres à la culture des plantes agricoles ; ils ne le deviennent que par les façons qui les divisent et les exposent aux actions atmosphériques. L'exposition à l'air et aux gelées, pendant un hiver, y opère une transformation profonde ; ils perdent ainsi leur texture, deviennent meubles et friables, et passent de la couleur noire à la couleur grise. La décomposition se continue peu à peu, et en quelques années cette matte (nom de cette tourbe) devient terreuse et prend les caractères d'une terre végétale où domine la substance argileuse : la chaux et la marne favorisent et hâtent cette décomposition. Arrivée à cet état d'amélioration, cette terre végétale, qui résulte de la combustion lente de la matte, devient éminemment propre à la culture du Maïs et des prairies naturelles ; alors le sol est terreux, mais le sous-sol est tourbeux. Si des canaux le dessèchent et l'assainissent à une assez forte profondeur, ce sol s'affaisse sensiblement dans les premières années de culture ; l'affaissement peut même être assez fort pour que les surfaces desséchées redeviennent marécageuses : on connaît de ces terres tourbeuses qui ont baissé de $1^m,50$ après deux ou trois années de culture.

L'observateur ne peut voir sans un vif intérêt ces espèces aquatiques qui transforment les étangs et les marais en plaines cultivées. Il semble que dans ce travail de remblai chaque plante ait son rôle déterminé à l'avance.

Le fond des étangs est comblé par les Nénuphars, les Typha, les Scirpus et les Potamogeton, plantes grosses et fortes, dont les débris abondants contribuent puissamment à exhausser le niveau du sol. Ces espèces aquatiques continuent l'œuvre du remblai tant que l'exhaussement du sol n'a pas atteint ou dépassé le niveau habituel des eaux. Si ce dernier cas arrive, privées de leurs conditions naturelles, puisqu'elles ne sont plus baignées par l'eau, elles ne tardent pas à céder leur place à des espèces moins aquatiques : c'est alors qu'apparaît dominant l'Arundo *phragmites*, qui s'accommode volontiers d'une surface alternativement sèche et immergée ; c'est la plante de transition entre l'eau et la terre humide, entre l'étang et le marais.

Cette espèce, que je qualifierais volontiers d'amphibie, atteint, dans ces conditions, des proportions étonnantes ; elle a la tige grosse comme le petit doigt, haute de $2^m,50$, et chargée de feuilles longues et larges : elle surpasse toutes les autres plantes par le nombre, la taille, la force et la vigueur. Les débris nombreux de ce Gramen l'éloignent peu à peu des immersions intermittentes qui favorisent si bien sa végétation et son développement ; dès lors elle s'affaiblit, languit et disparaît pour être remplacée par des espèces moins marécageuses.

Le Schoenus *mariscus,* non moins robuste que l'Arundo, ne craint pas davantage les intermittences d'immersion et d'humidité ; mais il semble plus difficile sur la nature des eaux et du sol : il préfère des eaux limoneuses et une matte grasse contenant des parties marneuses ou argileuses.

L'Iris *pseudo-acorus,* qui vit dans les mêmes conditions, n'a pas la même importance que l'Arundo et le Schoenus, parce qu'elle est plus rare et n'a pas le même caractère de domination.

Les surfaces désertées par l'Arundo et le Schoenus, par suite de l'élévation graduelle du sol, sont bientôt envahies par le Carex *cœspitosa,* qui y domine les autres plantes, non par sa taille et sa force, mais par ses nombreuses touffes vivaces, fortement enracinées et abondamment garnies de feuilles : ces touffes vigoureuses pénètrent profondément dans le sol et forment, à la surface, des reliefs que ne peuvent briser les instruments aratoires ; la pioche seule parvient à les déraciner et à les détruire.

Cette plante, précieuse par sa puissance de remblai, devient un obstacle à la mise en culture des marais par les inégalités dont elle a hérissé les surfaces : la destruction de ces touffes s'appelle *démattement* et coûte, en moyenne, 50 fr. l'hectare.

Nous ne dirons rien des autres plantes qui croissent avec ce Carex, parce que toutes ensemble elles contribuent moins que ce dernier à la garniture et à l'exhaussement du sol.

Le Carex *cœspitosa* veut de l'humidité aux racines; quand il en manque, il périt bientôt et fait place à l'Agrostis *canina,* à l'Anthoxanthum *odoratum* et au

Festuca *glauca;* cette dernière espèce se rencontre surtout sur une matte maigre reposant sur un fond sablonneux.

Ces trois Graminées dénotent, par leur présence, un desséchement assez avancé pour permettre la mise en culture des marais; on peut alors trancher la matte, la diviser et l'ameublir par des labours et des hersages, et y tenter la culture du Maïs. Après ces premiers essais de culture, des Graminées plus perfectionnées succéderont aux premières.

Le Panicum *crus-galli* abondera en automne dans les Maïs, et si l'on abandonne le sol à lui-même, l'Agrostis *vulgaris*, l'Holcus *lanatus*, le Poa *trivialis* et le Lotus *corniculatus* viendront dominer les premières Graminées et former la base d'une prairie naturelle, qui ne sera pas sans qualité, si on la défend contre l'envahissement du Juncus *conglomeratus* et de l'Equisetum *palustre.*

Ainsi, depuis les Nymphæa jusqu'au Poa *trivialis*, toutes les espèces naturelles des marais des Landes sont utiles; les unes exhaussent et dessèchent les surfaces, et les autres deviennent précieuses pour la formation des prairies naturelles : certaines de ces plantes aquatiques ont une autre utilité plus immédiate et non moins intéressante.

UTILITÉ PARTICULIÈRE DES VÉGÉTAUX SIGNALÉS.

Les feuilles larges et épaisses des Nénuphars sont récoltées pendant six mois de l'année pour servir à la nourriture des porcs : on les cueille avec leur pétiole, et on en remplit de petites embarcations qui les transportent au port le plus voisin de l'habitation; on les fait cuire avec le son du Maïs. Les propriétés calmantes des Nénuphars doivent rendre ce mélange plus nutritif et plus propre à l'engraissement.

Les feuilles des TYPHA , longues de 2 mètres à 2^m,50, servent à tresser des cordes dont on lie le Blé et le Seigle en gerbes : on les cueille au commencement de juin ; on les laisse sécher, puis on les tord en cordons de 1 centimètre 1/2 de diamètre : deux de ces cordons, tordus ensemble , forment un lien tenace et solide qui ne rompt pas sous un poids de 75^k kilogrammes.

On a l'habitude de lier le Blé et le Seigle en grosses gerbes : une seule pèse environ 50 kilog. et forme la charge d'un homme. Les Céréales rendant peu et les champs n'étant pas éloignés de la maison, les cultivateurs portent ordinairement ces gerbes sur le dos depuis le champ jusqu'à la grange ; ce mode de rentrer les Céréales exige le concours des voisins, qui s'empressent de venir coopérer à une tâche que doit terminer un joyeux banquet : une agriculture perfectionnée n'admettrait ces grosses gerbes liées avec les TYPHA que pour des champs inaccessibles aux voitures.

Le CAREX *cœspitosa* est , de toutes les plantes de marais, celle qui a le plus de valeur pour le cultivateur. Jeune et tendre au printemps, elle est broutée volontiers par les animaux ; coupée en vert et donnée à l'étable, elle nourrit bien les bœufs, les ânes et les mulets. Sa végétation est précoce : on en récolte les feuilles dès le mois de mars ; on les coupe avec une faucille. On continue de les récolter pendant les mois d'avril et de mai ; on en coupe en même temps les tiges garnies de fleurs et de fruits , qui sont également mangées par les animaux.

Aucune plante aquatique ne rend d'aussi grands services au cultivateur, dont les provisions d'hiver sont épuisées. Pendant tout le printemps, les communes à portée des marais ne donnent pas autre chose à leurs bœufs, quoiqu'à cette époque elles soient constamment occupées aux semailles du Maïs.

Le marais d'Orx, qui est en voie de desséchement, fournit le *Seusque,* nom gascon de ce CAREX, à six communes environnantes.

Les habitants de ces communes voulaient entraver les opérations de ce desséchement, qui allait faire périr cette plante, indispensable, au printemps, à leurs animaux de travail. On cesse de faire manger ce CAREX quand les fruits se détachent de la tige ; alors il est dur et d'une mastication difficile.

Quelques métayers font ensuite manger les feuilles du SCIRPUS *lacustris ;* à cet effet, on les arrache afin d'obtenir cette partie blanche et tendre qui végète dans l'eau. Les bœufs ne semblent pas très-friands de cette plante ; ils ne la mangeraient pas si on ne les forçait de les prendre en leur mettant dans la bouche bouchée par bouchée.

Les jeunes pousses de l'ARUNDO *phragmites* sont plus estimées et plus généralement employées ; elles arrivent quand le CAREX *cœspitosa* cesse de donner, et permettent de gagner le fourrage vert du Maïs.

L'ARUNDO se mange depuis la fin du printemps jusqu'au milieu de l'été ; les animaux ne mangent que la tige et les feuilles.

Pour mieux faire comprendre l'utilité des végétaux marécageux dans l'alimentation du bétail, je résume les plantes qui servent à cet usage pendant toute l'année.

ALIMENTATION **DU** **BÉTAIL**	**D'HIVER.** . . .	Jeunes pousses d'Ajonc, Fleurs mâles et spathes de Maïs, Foin naturel ;
	DE PRINTEMPS. .	Carex *cœspitosa*, Scirpus *lacustris;*
	D'ÉTÉ.	Arundo *phragmites*, Maïs vert ;
	D'AUTOMNE. . .	Digitaria *sanguinalis*, Panicum *crus-galli*, — *glaucum..*

Le Maïs vert, donné au bétail, provient des sarclages et des éclaircies opérés sur les Maïs cultivés pour le grain.

Les terres sablonneuses, emblavées en Seigle et en Maïs, produisent, en automne, le Digitaria *sanguinalis* avec profusion ; il est gazonnant et couvre bien le sol sans l'épuiser et le salir, comme le Cynodon *dactylon*, qui végète dans les mêmes conditions, mais non avec la même abondance. Ses racines sont peu développées et nuisent d'autant moins au Maïs, que cette plante n'est en pleine végétation qu'après la maturité de ce dernier ; elle est, sous ce rapport, comparable à un fourrage artificiel que l'on sèmerait dans le Maïs lors du dernier binage. Le Digitaria est tendre et mangé avec avidité par tous les animaux, qui le paissent, attachés au piquet. On le donne aussi en vert à l'étable : on l'arrache facilement à la main, grâce à la nature sablonneuse du sol ; d'autres fois on le coupe à fleur de terre avec une binette à long manche, pour le faner et le conserver comme provision d'hiver.

Cette Graminée ne prospère que dans les sables, où elle est la base de l'alimentation d'automne. Les terres argilo-siliceuses produisent, en compensation, le Panicum *crus-galli* et le Panicum *glaucum*, qui rendent les mêmes services aux cultivateurs : ces deux Graminées viennent dans les Maïs et les chaumes de Froment.

Bien loin de les regarder comme des plantes parasites, le cultivateur les voit croître avec plaisir dans ses cultures, et se garderait de donner à ses terres des façons qui nuiraient à cette production. Ces ressources naturelles font moins sentir le besoin des prairies artificielles; aussi elles sont peu répandues dans ce pays.

Je ne quitterai pas ces terres hautes sans parler de l'Asphodèle blanc, recherché pour les porcs à la fin de l'hiver.

Les coteaux argileux et boisés qui dominent les marais produisent, en abondance, une forte Liliacée, l'*Asphodelus albus*, qui, pendant deux mois de l'année, suffit à la nourriture des porcs de plusieurs communes : les paysans font 1 lieue par eau pour aller la récolter; ce sont les feuilles, les tiges et les fleurs cuites ensemble que l'on donne aux porcs.

Voici la description de cet Asphodèle examiné par les produits qu'on en tire.

Racine fasciculée, composée de quinze à vingt tubercules allongés, partant tous de la base de la tige : les tubercules ont 7 à 8 centimètres de longueur et 2 à 5 centimètres de diamètre; leur section, perpendiculaire à l'axe, présente deux couleurs; elle est jaune au centre et devient blanche à la circonférence.

Feuilles, radicales, ensiformes, nombreuses, longues de 60 à 80 centimètres.

Tiges de 1 mètre à 1^m,30, nues, cylindriques, d'un diamètre de 6 à 8 millimètres.

Inflorescence en épis.

Fleurs blanches avec une ligne verte sur le point dorsal de chaque division du périanthe.

Fruit capsulaire triloculaire, s'ouvrant en trois valves septifères. Chaque loge contient deux graines prismatiques, de moyenne grosseur, recouvertes d'un tégument noir et crustacé.

Cette plante croît spontanément sur les coteaux boisés argilo-siliceux; elle est rare dans les taillis touffus, et devient commune dans la haute futaie, le long des clôtures des champs : on ne la rencontre pas dans les terres cultivées. Elle parcourt rapidement ses phases de végétation, montre ses feuilles dès le mois de mars, et est en fruit dès la fin de mai. Dès le mois d'avril, on récolte ses feuilles, sa tige avec ses fleurs pour la nourriture des porcs, et à la fin de mai on cesse d'utiliser ses feuilles, devenues sèches, et sa tige trop dure. Les feuilles grasses, grandes, tendres et charnues forment la partie la plus utile de cette plante. Cuites dans l'eau bouillante avec le son du Maïs, elles sont volontiers mangées par les porcs.

L'Erodium *cicutarium*, le Thrincia *hirta*, les feuilles des Nymphæa *alba* et *lutea*, les jeunes bourgeons de Vigne sont préparés de la même manière et servent également pour la nourriture des porcs.

Je reviens aux plantes des marais.

Les espèces qui se plaisent dans les eaux courantes exercent une influence fâcheuse sur tout le marais; elles retardent la marche des eaux, les font grossir et causent des immersions préjudiciables aux cultures voisines : les espèces les plus nuisibles, par leur nombre et leur volume sont l'Alisma *plantago*, les Sparganium et le Glyceria *fluitans*.

Les cultivateurs voisins des cours d'eau forment un syndicat qui a pour mission de faire faucher ces plantes à des époques déterminées : on les coupe ordinairement deux fois par an, aux mois de mai et d'août, à l'aide d'une petite faux à long manche, que l'on manie étant sur le bord du cours d'eau.

Je dois terminer ce que je voulais dire sur la Flore des marais des Landes par l'historique d'une plante magnifique, rare pour le botaniste et intéressante pour l'agriculteur ; je veux parler de l'HIBISCUS *roseus*.

Cette brillante MALVACÉE n'a été trouvée en France que sur les bords de l'Adour et dans les marais qui dépendent ou qui sont peu éloignés de ce fleuve ; elle commence à croître aux environs de Dax, descend l'Adour jusqu'à Bayonne, reprend parallèlement à l'Océan l'ancien lit de ce fleuve, et continue la même route vers l'embouchure de la Gironde, stationnant aux bords des nombreux étangs qui longent l'Océan : cet HIBISCUS ne se rencontre nulle part, hors de cette circonscription limitée par la Gironde, l'Océan et l'Adour.

M. Darracq, naturaliste distingué, pharmacien à Saint-Esprit, s'est chargé depuis longtemps d'enrichir les principaux herbiers de l'Europe de cette intéressante Malvacée : plusieurs centaines d'échantillons ont été expédiées, par ses soins, à Paris, à Londres, à Bruxelles et dans beaucoup d'autres villes importantes.

L'HIBISCUS *roseus*, qui n'a probablement d'autre habitat sur le globe qu'une langue de terre qui touche deux départements de la France, se recommande par sa tige haute de 2 mètres environ, et sa corolle d'un rose éclatant qui rivalise, pour la beauté, avec celle de l'ALTHÆA *rosea* ; elle serait aussi digne que cette dernière d'être mise au nombre de nos plantes d'ornement. Peut-être doit-elle à la nature marécageuse du sol qui lui convient d'être exclue pour toujours de nos jardins d'agrément.

Chargé, par M. Darracq, de récolter, dans un marais que nous desséchons, une centaine d'échantillons destinés à l'exportation, je crus pouvoir briser ces tiges sans l'aide d'aucun instrument tranchant; mais je trouvai tant de ténacité dans la fibre corticale de cette plante, qu'il me fut impossible de continuer ma récolte sans me déchirer les mains. Je renonçai à cette opération et résolus de n'attaquer cet HIBISCUS qu'avec un couteau ou une faucille; je m'en retournai donc vaincu par la ténacité de cette fibre, mais persuadé que je venais de découvrir une nouvelle plante textile. Quelques jours après, je revins faire ma collection d'HIBISCUS, ayant soin de prendre des tiges entières pour en étudier les propriétés textiles; je les jetai sur un gazon, exposées pendant deux mois aux alternatives des rosées, d'un soleil ardent et de pluies abondantes. Après cette rude épreuve, qui dans ce climat désorganise la plupart des fibres végétales, quel fut mon étonnement en détachant des tiges d'HIBISCUS une filasse blanche, longue et brillante! Moins fine que le lin et le chanvre, elle semble ne pas leur céder en ténacité.

La tige de l'HIBISCUS *roseus* n'est composée que de moelle et de filasse : cette dernière est extérieure, et se détache si facilement de la moelle intérieure et de l'épiderme, qu'elle semblerait pouvoir se passer du rouissage; j'en ai présenté des échantillons à une corderie de Bayonne, qui se charge de son emploi et de son placement. Ces échantillons manquaient de deux mois de végétation; j'espère obtenir plus de ténacité avec des tiges plus avancées en maturité.

L'HIBISCUS *roseus*, inférieur au Chanvre et au Lin pour la finesse, devra les égaler en ténacité et les surpasser en rendement. A l'état naturel, les tiges ont 1 centimètre de diamètre et près de 2 mètres de hauteur; elles végètent aussi serrées que celles du Chanvre, et une seule tige contient trois ou quatre fois plus de filasse qu'une tige de

Chanvre : il est probable que cette augmentation en rendement compensera la finesse. Mais ce qui fait le principal mérite de cet HIBISCUS comme plante textile, c'est qu'il croît dans des conditions où les cultures du Lin et du Chanvre seraient impossibles. Cette belle espèce se plaît sur le sol tourbeux des marais des Landes, impropre à la plupart des plantes cultivées; elle ne demande pas, comme ces dernières, un sol amélioré, puisqu'elle végète naturellement sur la matte neuve qui n'a reçu ni façon ni amendement. On peut donc prévoir que la culture de cette plante textile sera avantageuse pour la mise en culture des marais; il n'y aura pas de meilleure plante pour tirer parti des endroits les plus bas, qu'une humidité trop grande rendrait impropres aux plantes cultivées.

L'HIBISCUS est annuel et se propage facilement par ses graines, qui sont abondantes et paraissent avoir des propriétés oléagineuses. Quelques petits essais que nous tenterons l'année prochaine nous permettront de connaître au juste toutes les propriétés de cette plante, et nous apprendront si elle doit prendre rang parmi les plantes cultivées, ce que je suis disposé à croire quant à présent.

J'espère aussi que nous pourrons tirer un bon parti, dans nos cultures des marais, de deux plantes que j'ai citées et qui y croissent spontanément : l'une, le POA *trivialis* ou Paturin commun, qui habite particulièrement les endroits terreux; il est fort, vigoureux et productif sur les parties améliorées où la matte décomposée a pris un caractère terreux; ce gramen pourra, traité convenablement, composer de bonnes prairies : l'autre, le LATHYRUS *palustris*, plante forte et vigoureuse, qui paraît se plaire beaucoup sur la matte et s'y multiplier à l'infini, pourra, je l'espère, cultivée, fournir un fourrage abondant et devenir une plante qui nous rendra service.

On cultive exclusivement dans le pays deux variétés de Maïs, un blanc et un jaune. Le blanc exige une terre plus riche; la farine se mélange plus facilement à celle du Froment : l'année dernière, 1846, le blanc se vendait, pour cette raison, plus cher que le jaune. Ici on panifie la farine du Maïs en l'associant à celle du Seigle. Ce pain de Maïs, appelé *méture*, est l'unique nourriture de la classe pauvre : la méture du Maïs blanc est plus belle que celle du jaune. L'axe de l'épi ne sert que comme combustible; il brûle sans fumée, en jetant une flamme vive et brillante qui le fait rechercher pour le foyer des salons. Chez les métayers, on s'en sert pour allumer le feu et entretenir la combustion du bois de Pin, que l'on brûle souvent trop vert.

FIN.